LA REBELIÓN DE LAS MOLÉCULAS

LA REBELIÓN DE LAS MOLÉCULAS

Breve manual sobre la evolución

TOMÁS BOTELLA

Investigación
y publicación

https://letradepalo.es/

La rebelión de las moléculas: breve manual sobre la evolución

Investigación y Publicación

Un sello de Ediciones Letra de Palo, S.L.
Avda. Maisonnave, 9. 03003 Alicante
https://letradepalo.es/
editorial@letradepalo.es

Diseño y maquetación: Letradepalo
Impresión bajo demanda

ISBN: 978-84-948533-3-3
Depósito legal: A 90-2019

Índice

Prólogo

Saber cómo se formó todo lo que nos rodea y el propio ser humano, es una cuestión que interesa, en mayor o menor medida, a cualquier persona, existiendo varios enfoques sobre la forma de responder a dicha cuestión. Una parte de las respuestas a la misma pueden estar basadas en creencias, conjunto de ideas que las personas creyentes consideran verdades. Dichas ideas pueden ser de tipo religioso, basadas en la fe de los creyentes, o en teorías sustentadas, en mayor o menor medida, por la lógica. Las creencias tienen un fundamento de carácter metafísico o especulativo, en el sentido de no necesitar una demostración basada en la realidad física, soliendo ir más allá de preguntarse *cómo* suceden los hechos, al intentar responder también otras cuestiones del tipo de *quién* y *por qué*. Existe otra respuesta fundamentada en descubrimientos y teorías científicas que, aunque esté sujeta a variaciones, sea incompleta en muchas de sus partes y tenga un alcance más limitado, se sustenta en la aplicación del llamado «método científico», que deja poco margen para cualquier teoría que no haya sido verificada frente a la realidad física, mediante comprobaciones y experimentos.

Al contrario de lo que pudiera pensarse, el enorme flujo de información y datos que actualmente dispone cualquier persona con acceso a Internet y a las redes sociales, que en sí mismo constituyen poderosas herramientas para divulgar cualquier forma de conocimiento, también suelen ser fuentes de desinformación y noticias falsa, facilitándose su difusión mediante el uso de las tecnologías de la información y comunicación. Esto sucede frecuentemente también en temas de corte científico, como por ejemplo los relacionados con la salud o con el medioambiente, sobre los que existen visiones e intereses económicos contrapuestos, que suelen estar en el origen de informaciones que parecen mostrar realidades diferentes sobre un mismo tema.

En cualquiera de los contextos indicados, la ciencia, dentro de sus limitaciones y en aspectos relacionados con *cómo* suceden los fenómenos naturales, constituye una referencia sólida capaz de proporcionar elementos objetivos, que permite en muchos casos contrastar la veracidad de las informaciones, al aplicar de manera rigurosa una serie de filtros fundamentados en las leyes de la naturaleza, consideradas imparciales. Esta última característica diferencia el conocimiento científico de otras formas del saber humano.

La disposición de una serie de notas, elaboradas a título personal por el autor del texto, sobre el tema de cómo se formó la materia y los seres vivos, que un buen día confluyeron con unas imaginativas ilustraciones creadas por la mano artística de Francisco Pardo, en las que mostraba su interés y curiosidad por el mismo asunto, fueron el detonante de la preparación del presente escrito. Como en cualquier obra de carácter divulgativo, el objetivo es que sea comprensible por cualquier persona con conocimientos básicos que esté interesada en la narración sobre la evolución de la materia, tal como el autor la interpreta.

El título del manual hace referencia al salto evolutivo que significó la formación del primer organismo vivo a partir de un grupo de moléculas complejas, de acuerdo con las teorías científicas de mayor aceptación que sugieren que la vida se originó cuando un sistema químico de moléculas complejas no aceptó el plan previsto por las leyes de la naturaleza para este tipo de sistemas, que lo conducía inexorablemente al cese de sus actividades. En lugar de dirigirse a este final programado, el conjunto molecular *se rebeló* contra su destino, autoorganizando sus actividades de manera que el sistema molecular de naturaleza química se perpetuó transformándose en un organismo vivo, obviamente de naturaleza biológica.

Abundando en el título, el escrito tiene la intención de ser un manual, en el sentido de intentar compendiar lo esencial a nivel divulgativo sobre el tema y que sea fácil de entender. Así mismo se ha tratado también de que sea breve, evitando profundizar más de lo necesario en aspectos de difícil comprensión para los menos familiarizados con temas científicos. Finalmente se hace referencia al fenómeno que está detrás de los cambios de la materia, la evolución, definida en el diccionario de la RAE como *«Serie de transformaciones continuas que va experimentando la naturaleza y los seres que la componen»*.

Se ha prestado especial atención para que un relato basado en conceptos científicos sea riguroso, aunque compatible con el tono relajado o novelado que se utiliza en determinados temas puntuales y en los dibujos y caricaturas. Se incluyen aspectos que pueden parecer obvios para alguien conocedor del tema, pero que para los más profanos quizás no lo sean. En algunas partes se maneja más de una teoría existente, centrándose en aquellas que, a juicio del autor, parecen ser las de mayor aceptación. Las elaboradas ilustraciones que salpican el relato, cuyos detalles se recomienda observar con detenimiento, son la guinda que puede facilitar el recorrido por un tema tan apasionante.

Hay que tener en cuenta que, aun a nivel divulgativo, la descripción de los procesos de transformación de la materia puede incluir contenidos concretos cuya comprensión puede entrañar una cierta dificultad, pero que se consideran necesarios para la coherencia de la narración. Para favorecer la lectura, en el texto se han incluido varios destacados con composiciones tipográficas diferentes. En los recuadros grises se describen aquellos contenidos que se consideran de mayor complejidad. Los párrafos señalados con una mano con el dedo índice extendido, resumen lo esencial de cada tema; y en los destacados encabezados por un título en gris, mayor sangría y tipografía especial, se incluye información relevante que completa la temática de cada apartado.

La preparación y elaboración del presente relato ha supuesto un reto personal y un ejercicio satisfactorio para su autor, ya mayor pero novato en estas lides divulgativas. El esfuerzo de buscar, profundizar, ordenar, esquematizar, resumir y hacer comprensible (sobre todo estos dos últimos aspectos) los temas incluidos en el manual, necesarios para lograr esa visión abreviada y divulgativa que se pretende, ha sido una buena excusa para reflexionar sobre un tema de enorme interés y actualidad. Si además sirve para facilitar su difusión y despertar el interés sobre el mismo, habrá merecido la pena el esfuerzo realizado, que en cualquier caso ha sido gratificante en sí mismo.

1

Aspectos generales

Percepción social sobre el mundo y la evolución

Los resultados de encuestas llevadas a cabo en Estados Unidos y Europa en los últimos 20 años sobre la percepción social de la ciencia, en las que se incluían preguntas concretas sobre conocimientos relacionados con temas específicos sobre el mundo y la evolución, revelan aparentes niveles de desconocimiento, que no parecen estar en consonancia con la apreciación positiva que los ciudadanos tienen de los beneficios del desarrollo científico, en el nivel de vida alcanzado en ambas zonas geográficas.

A la cuestión básica de si *el Sol gira alrededor de la Tierra*, incluida en una encuesta Gallup llevada a cabo en Estados Unidos en 1999, uno de cada cinco encuestados respondieron afirmativamente (respuesta errónea). Para una pregunta similar en un Eurobarómetro[1] especial sobre el nivel de conocimientos científicos, realizado en los países de la Unión Europea en 2005, los

---

[1] Programa de encuestas periódicas realizadas por la Comisión Europea sobre temas diversos.

resultados todavía fueron más desalentadores pues aproximadamente uno de cada tres encuestados respondió incorrectamente. En una encuesta NSF llevada a cabo en Estados Unidos en 2012, hubo un 26 % de respuestas erróneas a una pregunta similar.

El tema de la evolución biológica presenta todavía más dudas para los ciudadanos. En el Eurobarómetro antes mencionado, a la cuestión de si *los organismos vivos, entre ellos los seres humanos, proceden de especies anteriores*, hecho ampliamente evidenciado por la ciencia actual, uno de cada cinco encuestados respondió negativamente, mientras que en una encuesta AP-GFK del año 2014 en Estados Unidos, el porcentaje de los que negaban la evolución biológica (42 %) era superior a los que creían en la misma (31 %). En esta última encuesta solamente un 21 % de estadounidenses consideran como un hecho cierto que *el universo comenzó hace 13.800 millones de años con una gran explosión (Big Bang)*, frente a más de la mitad que manifestó no creer en dicha afirmación. Conviene subrayar que la totalidad de los miembros de las Academias Nacionales de Ciencias de Estados unidos, que son numerosos, consideran como un hecho innegable que el universo se formó de esa manera, además de las evidencias existentes que soportan la teoría del Big Bang.

En lo que respecta a España, las dos primeras cuestiones, sobre el movimiento relativo Tierra/Sol y la procedencia de los seres vivos, también se suelen incluir en las encuestas sobre la percepción social de la ciencia, que lleva a cabo con una frecuencia bienal la Fundación Española para la Ciencia Y la Tecnología (FECYT) desde el año 2002. Según los resultados de las encuestas, el nivel de respuestas correctas parece haber mejorado, al pasar del 60 % y 52 % respectivamente en 2006, a niveles en torno al 70 % en 2014, para llegar a valores superiores al 80 % en las encuestas de 2016 y 2018.

Parece que un número notable de los ciudadanos norteamericanos y de la Unión Europea tienen conocimientos erróneos, desde el punto de vista científico, sobre cuestiones básicas relativas al universo y al origen de los seres vivos, si bien cabe preguntarse si una parte de las respuestas erróneas pueden estar basadas más en convicciones personales, que en el desconocimiento de la realidad científica.

Al margen de la complejidad intrínseca de los temas científicos y del lenguaje particular utilizado para describirlos, que pueden causar la falta de un mayor interés social en el conocimiento más profundo de los mismos, se puede concluir que existe un déficit de comunicación entre el mundo científico y la sociedad. No hay que olvidar que los ciudadanos con sus impuestos subvencionan las actividades públicas de investigación y desarrollo que, al menos en Europa, suponen una parte importante de los fondos utilizados para la realización de dichas actividades, posibilitando los descubrimientos científicos que revierten en beneficio de la sociedad en forma de desarrollos tecnológicos.

Contenido del manual

En los últimos años del siglo XX, investigaciones relacionadas con la expansión del universo sacaron a la luz nuevos enigmas de enorme trascendencia, poniendo en evidencia que lo que se desconoce es mucho mayor de lo que podía suponer. Según dichas investigaciones, toda la materia que podemos observar es un escaso 5 % de los componentes del universo, correspondiendo el 95 % restante a fenómenos poco o nada conocidos, que se han calificado como *oscuros*. El más importante es la denominada *energía oscura*, ingrediente mayoritario del universo (más del 70 %), pero cuya naturaleza constituye una de los mayores enigmas de la ciencia. El 25 % restante se agrupa en torno a la llamada *materia oscura*, una forma de materia de composición desconocida y que no se puede observar.

☛ **A pesar de estas nuevas incógnitas de gran calado surgidas recientemente, existe un notable nivel de evidencias que fundamentan una parte importante del relato desarrollado bajo el paraguas de la ciencia, que responde en gran medida a la cuestión de *cómo* se originó y se ha ido transformando la materia que compone ese 5 % de los ingredientes del universo, que incluye también a los organismos vivos.**

La intención del manual es presentar de manera divulgativa y resumida la narración científica sobre los orígenes y la evolución de la denominada *matera visible*, más técnicamente denominada como *materia bariónica*, que es la protagonista de la narración. En el recorrido por los cuatro escenarios en los que se tiene constancia que han sucedido o suceden las transformaciones evolutivas, el PRIMER ESCENARIO es lo que se conoce como Big Bang o Gran Explosión, que es el momento del *nacimiento* de toda la materia visible del universo en forma de partículas elementales de tamaño infinitamente pequeño, a partir de la energía, que se supone era lo único que existía en esos momentos iniciales. Al final del brevísimo periodo de tiempo que duró el feliz alumbramiento, la materia formada estaba compuesta por núcleos de los dos átomos más pequeños que existen, hidrógeno en su gran mayoría y algo de helio. Las posibilidades de evolucionar (hacerse más compleja) que tenía la materia recién formada, eran prácticamente nulas, al no existir en esos momentos las condiciones fisicoquímicas necesarias para que la materia continuase transformándose.

La pareja de átomos recién nacidos fue concentrándose lentamente en el espacio durante un largo periodo, dando lugar a nubes gaseosas que comenzaron a formar las estrellas, SEGUNDO ESCENARIO de transformación, donde a lo largo de miles de millones de años se han fabricado elementos químicos mayores a partir de los dos primigenios mediante reacciones nucleares. Este periodo de *infancia* de la materia termina cuando los átomos fabricados en las estrellas comienzan a «fertilizar» las nubes gaseosas al añadir átomos de todos los elementos químicos existentes. En el espacio interestelar, TERCER ESCENARIO de transformación, comienza el periodo de *adolescencia* de nuestra materia, que protagoniza un número limitado de reacciones químicas que dan lugar a la síntesis de unos pocos cientos de compuestos químicos sencillos, pero que son de suma importancia para la evolución posterior de la materia, como es el caso del agua.

Hace algo más de 4.500 millones de años, la materia de un rincón de la Vía Láctea, compuesta por todas las clases de átomos fabricados en estrellas ya desaparecidas y por moléculas existentes en el espacio interestelar, dio lugar a la formación de una estrella que llamamos el Sol, en torno a la cual giran una serie de planetas. En uno de ellos, la Tierra, CUARTO ESCENARIO de transformación, se dieron las condiciones idóneas para que unas pocas moléculas, compuestas mayoritariamente por átomos de cuatro clases de elementos (carbono, hidrógeno, oxígeno y nitrógeno), evolucionasen a lo largo de cientos de millones de años según procesos de naturaleza química llegando a formar moléculas de elevada complejidad, muchas de ellas con capacidades para realizar funciones también complejas. Las interacciones que se establecieron entre moléculas complejas pudieron originar el primer ser vivo, a partir del cual se iniciaron las transformaciones biológicas de la materia, que se corresponderían con el comienzo de la etapa *adulta* de la misma. El capítulo más reciente de esta biografía inacabada de la materia, es la emergencia y desarrollo del ser humano, supuestamente la entidad material más evolucionada (al menos en el sistema solar) debido a su consciencia y las funciones que puede realizar.

Tras la revisión de las transformaciones que han originado el mundo que conocemos, el manual se completa con un apartado donde se apuntan otras relaciones que podrían existir en la materia, más allá del ser humano, así como con una breve pincelada sobre las diferencias existentes entre la ciencia y las creencias respecto a cuestiones relativas al mundo que nos rodea, para finalizar con unas conclusiones a modo de resumen y unas breves reflexiones sobre la evolución.

El método científico

La ciencia es el conocimiento sistemático y organizado del mundo físico. El conocimiento científico es una forma del saber humano que goza de buena salud, en gran medida debido al crédito que le conceden sus logros al explicar satisfactoriamente un elevado número de fenómenos naturales, siendo además la base del desarrollo de modernas tecnologías y dispositivos que tanto nos facilitan la vida. Decir que algo tiene una base científica le confiere un sello de autenticidad, a veces de un modo peligroso pues hay que tener presente que las leyes y teorías científicas son modelos físico-matemáticos desarrollados por y para el ser humano, a modo de instrumentos que intentan explicar el funcionamiento de la naturaleza, pero en sí mismos no son verdades inmutables.

Los conocimientos científicos consolidados sobre cualquier fenómeno natural se sustentan en la aplicación del llamado método científico, procedimiento basado en la observación y la razón, que busca conocer la explicación de *cómo* suceden los fenómenos naturales, sin pretender llegar a los *porqués* absolutos de los mismos.

El método científico se aplica mediante una serie de acciones consecutivas, llevadas a cabo con el objetivo de conocer y validar los conocimientos adquiridos sobre cualquier fenómeno natural objeto de estudio. La aplicación del método comienza con la observación de dicho fenómeno, asegurándose que se repite de forma sistemática y generalizada en idénticas condiciones. De acuerdo con las conclusiones de la observación, se formula una hipótesis o teoría racional y coherente, que explique el fenómeno estudiado, basada en antecedentes o hechos sustentados en la ciencia. El paso siguiente es planificar un programa de experimentos para comparar la teoría establecida con la realidad física, cuyos resultados permitan validar o desechar la hipótesis de partida. Los resultados obtenidos en los experimentos deben, una vez evaluados, respaldar conclusiones objetivas o teorías, expresadas si es posible mediante fórmulas de tipo físico-matemático, que permitan realizar predicciones coincidentes con la realidad física.

El proceso de investigación y validación de resultados debe ser ratificado por la comunidad científica, representada por autoridades académicas o personalidades competentes en los temas estudiados, a la que se suele informar utilizando revistas reconocidas en las que se publican las partes más académicas de las investigaciones llevadas a cabo. El resultado final son tesis y teorías científicas validadas provisionalmente, en tanto no existan nuevas investigaciones que las cuestionen. El conjunto de teorías consolidadas relativas a fenómenos naturales puede dar lugar a las leyes físicas.

☛ La parte fundamental del método científico es la **validación o verificación experimental** de la concordancia entre las teorías y la realidad física. Cualquier hipótesis, por muy prometedora que pueda parecer, si no ha sido verificada experimentalmente no puede considerarse que tenga base científica.

II)

¿Qué es la materia?

Dos caras de una misma moneda

El mundo visible que nos rodea, desde los cuerpos más grandes como las estrellas, hasta las partículas más pequeñas que puedan existir, está formado por materia física, que es todo aquello que tiene masa, ocupa un volumen en el espacio y es susceptible de medirse o detectarse por alguno de nuestros sentidos o mediante equipos auxiliares. Esta definición coloquial no abarca todo lo que se denomina materia tras el descubrimiento de los ya mencionados fenómenos *oscuros*, la llamada *materia oscura* que manifiestan propiedades diferentes de *nuestra* materia *bariónica*, a la que, en contraposición a los mencionados fenómenos oscuros, se suele añadir los calificativos de *conocida, ordinaria* o *visible*. La característica común de ambas materias, como cualquier otra que pudiese existir, es que están afectadas por la fuerza gravitatoria.

Tradicionalmente se ha considerado que la materia puede presentarse en tres estados físicos, dependiendo del grado de agregación de sus componentes: sólido, líquido y gaseoso. Existe un cuarto estado parecido al estado gaseoso que es el plasma, originado normalmente por temperaturas elevadas o campos electromagnéticos intensos, que hacen que la materia se cargue eléctricamente. En la Tierra este estado se manifiesta de manera natural en fenómenos como los rayos de las tormentas o las auroras boreales. Al contrario de lo que pudiera pensarse, el estado de plasma no se puede decir que sea raro, ya que en los primeros cientos de miles de años del universo toda la materia del universo se encontraba en dicho estado, e incluso actualmente una parte importante de la misma continua en estado de plasma.

La energía, el otro componente básico del universo, está asociada a la materia pero es intangible, poniéndose de manifiesto cuando se producen cambios en los cuerpos o sustancias materiales, como su posición, su estado, su movimiento o su temperatura. La energía es difícil de definir coloquialmente, equiparándose a la capacidad que tiene la materia para realizar un trabajo o producir calor. Existen diferentes formas de energía dependiendo de su origen o su estado, como la energía mecánica, química, eléctrica, potencial, cinética, térmica o calorífica, que son transformables unas en otras. La energía potencial es la energía almacenada debido a la posición de la materia, mientras que la energía cinética lo es debido a su movimiento. La energía calorífica es la de menor *calidad* entre todas las formas de energía, por tener menor capacidad que las otras para realizar trabajo.

A principios del siglo pasado Albert Einstein estableció que materia y energía son dos caras de una misma moneda, de acuerdo con su conocida fórmula $E=mc^2$, que fija la equivalencia entre la energía (E) y la masa (m) de una porción de materia, siendo el cuadrado de la velocidad de la luz (c) el factor de conversión entre ambas variables. Considerando la magnitud del cuadrado de la velocidad de la luz, se deduce que una minúscula porción de materia puede transformarse en una formidable cantidad de energía, por ejemplo, un gramo equivale a 25 millones de kilovatios-hora de energía[2]. Otro ejemplo: la energía que produce el Sol, una parte de la cual llega a la Tierra en forma de luz y calor, proviene de la pérdida de masa que se produce durante las reacciones nucleares que tienen lugar en cualquier estrella[3]. En sentido contrario, para formar una pequeña porción de masa a partir de la energía, se necesitarían ingentes cantidades de esta última, en un proceso teórico que requeriría extraordinarios valores de temperatura y presión, además de otras condiciones adicionales.

¿Cómo se ha originado la materia y los cuerpos materiales (estrellas, planetas, montañas, plantas, animales,...)? ¿Han sido siempre tal como los observamos hoy en día? ¿Qué procesos de transformación han tenido lugar en la materia? Actualmente existe una narración científica que describe el origen y las transformaciones evolutivas de la materia visible que nos rodea. Dicha narración está basada en hechos verificados científicamente con abundantes evidencias, que dan forma a una exposición coherente sobre los procesos que han ido cambiando la materia formada originalmente a partir de la energía. Todo ello a pesar de las lagunas e incógnitas sin resolver y otras nuevas que han surgido.

Una característica común de las teorías relacionadas con las trasformaciones de la materia es que tratan sobre sucesos acaecidos hace miles o millones de años, pero que deben ser validados en las circunstancias actuales, obligando a utilizar cualquier tipo de huellas o rastros que pudieran existir y empleando estrategias retrospectivas de investigación, que resultan difíciles y costosas de utilizar.

---

[2] Cifra equivalente al consumo eléctrico mensual de una ciudad de 300.000 habitantes.

[3] En el Sol esa pérdida de masa es de alrededor de 5 toneladas de hidrógeno por segundo, que supone algo menos del 1 % de la masa reaccionante de hidrógeno.

Composición de la materia

Átomos y moléculas

Cualquier forma material que existe se puede dividir en partes de menor tamaño, algo así como una colección de muñecas rusas, encontrándose en el interior de cada una de ellas piezas todavía menores. Las porciones más pequeñas de cualquier tipo de materia, que conservan sus propiedades, son las moléculas, de las que existen en la naturaleza una gran variedad (millones). Pero las moléculas están compuestas a su vez por otros constituyentes todavía menores denominados átomos, de los que en la Tierra existen únicamente 92 clases diferentes, denominados elementos químicos. Hasta finales del siglo XIX los átomos se suponían que eran indivisibles, considerándose que eran las muñecas rusas más pequeñas que existían, al ser las formas materiales menores que se pueden aislar por métodos *químicos*.

☛ **Para hacerse una idea de lo diminuto que son los átomos se puede poner el ejemplo del hidrógeno, que forma moléculas gaseosas compuestas por dos átomos de dicho elemento. Un solo gramo de hidrógeno molecular, que se puede comprimir en un volumen bastante menor que el de una pequeña canica, contiene un número mayor de 600.000 trillones de átomos.**

A principios del siglo XX se disponía ya de conocimientos y medios para comenzar a hurgar el interior de los átomos, encontrándose que no eran porciones de indivisibles materias, sino que estaban constituidos a su vez por partículas todavía más pequeñas. En base a dichas partículas encontradas se definió la teoría atómica, que establece que cualquier átomo está compuesto por dos partes:

- el NÚCLEO, de dimensiones muy pequeñas comparado con el volumen total del átomo, pero que contiene prácticamente toda la masa del mismo. Está compuesto por dos clases de partículas: los protones de *carga eléctrica positiva* y los neutrones que son partículas sin carga (*neutras*) pero con una masa similar a la de los protones. Los protones y neutrones se denominan nucleones El núcleo de cualquier átomo tiene carga positiva, como resultado de las cargas de los protones que contiene.

- la CORTEZA ELECTRÓNICA, espacio que rodea al núcleo donde se alojan unas partículas denominadas electrones, muy ligeros[4] y dotados de *carga eléctrica negativa.* La carga eléctrica del electrón es en valor absoluto idéntica a la del protón, aunque de signo opuesto[5]. Los electrones de la corteza no permanecen quietos, sino que se mueven continuamente, según recorridos que no están determinados sino que son de tipo probabilístico. La corteza electrónica tiene un tamaño (volumen) mucho mayor que el del núcleo.

¿La materia está vacía?

El volumen de un átomo es prácticamente el de su corteza electrónica, donde pueden moverse los electrones, sin que lleguen a escapar de atracción que ejercen los protones del

[4] La masa de un electrón es de un orden de magnitud en torno al 0,05 % de la de un protón o un neutrón.

[5] Por definición se ha establecido que el valor de la carga de un protón, igual a la del electrón, es una unidad de carga eléctrica, cada una con su signo correspondiente, positiva o negativa.

núcleo sobre dichas partículas. Por el contrario, debido a la relativamente pequeña masa de los electrones, se puede considerar que toda la **masa** del átomo es la de los protones y neutrones, encontrándose concentrada en el núcleo, cuyo volumen es insignificante dentro del átomo. La imagen es que la totalidad de la masa de un átomo se concentra en un diminuto punto, mientras que la mayor parte del mismo (más el 99 % de su volumen) no tiene prácticamente masa, dando la impresión de que la materia está vacía. Para visualizar las diferencias, se suele poner el ejemplo que si el tamaño del núcleo fuese un balón de fútbol, la corteza sería una esfera de 30 km de diámetro. Se diría que el átomo, que es la estructura básica de la materia, incluso de la más dura y compacta que pueda existir, está hueca en su mayor parte.

Los átomos completos son neutros eléctricamente, ya que el número cargas positivas del núcleo se compensa con el mismo número de cargas negativas de los electrones. Los electrones que habitan en la zona más externa de la corteza determinan el comportamiento *químico* de cada elemento.

Cada uno de los elementos químicos se identifica por un *símbolo* de una o dos letras, que está relacionado con su nombre, y por su *número atómico* que coincide con el número de protones que contiene el núcleo, siendo dicho número la característica fundamental de cada átomo. Una imagen clásica para representar los átomos es una especie de sistema solar, donde el núcleo equivale al Sol y los electrones a los planetas que giran a su alrededor.

A pesar que los átomos son neutros, pueden darse situaciones en que tengan carga eléctrica negativa o positiva, si ganan o pierden electrones, constituyendo los denominados iones, que pueden ser positivos o negativos. Existen también los isótopos, que son átomos de un determinado elemento que tienen diferentes números de neutrones en el núcleo[6], siendo idéntico el número de protones. Las moléculas y compuestos[7] en general están formados por la unión de dos o más átomos mediante enlaces químicos, identificándose por fórmulas que incluyen los símbolos de los elementos que los componen, con subíndices que indican el número de átomos de cada elemento que contiene.

☛ **La variedad de formas existentes de un mismo elemento se puede ilustrar con el ejemplo del hidrógeno, el primero y más simple de los elementos químicos, de símbolo H. En estado natural su núcleo está compuesto de un solo protón –su número atómico es 1– y un único electrón en la corteza. Existen tres isotopos del hidrógeno, dependiendo de que el solitario protón del núcleo esté acompañado o no de neutrones: el isótopo *protio* no tiene neutrones, el *deuterio* tiene un neutrón y el *tritio* tiene dos neutrones. El hidrógeno que existe en la naturaleza está compuesto prácticamente en su totalidad por protio, ya que el deuterio a pesar de ser un isótopo estable se da en una proporción muy pequeña (0,0026 % del hidrógeno) y el tritio es altamente inestable, teniendo por tanto una vida muy efímera. Cuando un átomo de hidrógeno pierde el único electrón que tiene en la corteza, forma el ion hidrón o hidroge-**

---

[6] Todos los isótopos de un mismo elemento tienen un comportamiento químico similar, al contener el mismo número de electrones.

[7] En el presente escrito se utiliza las denominaciones *moléculas* y *compuestos* de manera equivalente, si bien las moléculas se consideran formadas por dos o más átomos de un mismo elemento, mientras que los compuestos están formados por dos o más átomos de elementos distintos.

nión, constituido por el solitario protón del núcleo (H+). La molécula de hidrógeno, la cantidad más pequeña libre que puede existir de este elemento, es un gas compuesto por dos átomos de hidrógeno (H_2).

Las partículas más pequeñas

Pero los protones y neutrones tampoco son las porciones más pequeñas de la materia, al haberse descubierto en la década de 1960 que cada uno de ellos está compuesto por otras partículas todavía menores denominadas quarks[8], dotadas de masa y que tienen cargas eléctricas fraccionarias, que pueden ser positivas o negativas. Cada nucleón (protón o neutrón) está compuesto por tres quarks. En base a los conocimientos actuales los quarks son, junto con los electrones, las principales *partículas elementales* dotadas de masa, que componen la materia visible. De momento no existen indicios o razones para pensar que las partículas elementales estén a su vez compuestas por otras más pequeñas.

Se han descubierto a partir de la segunda mitad del siglo XX una amplia variedad de partículas de tamaño subatómico con características y funciones variadas, que están incluidas en el llamado *Modelo Estándar de Física de Partículas.* Algunas de ellas están en caza y captura desde hace tiempo, al haber sido previstas teóricamente pero sin haberse llegado a detectar todavía. Por su mayor importancia se pueden mencionar dos familias de partículas elementales que disponen de masa, una de ellas se agrupa en torno al electrón y la otra en torno al neutrino, partícula este última de masa muy inferior a los quarks,

---

[8] Hay tres familias de quarks, pero dos de ellas son muy inestables.

pero que es omnipresente y enigmática en sus funciones. Existen otras partículas sin masa que intervienen en la composición del rompecabezas de la materia, como es el caso de los denominados gluones, que participan en los mecanismos de unión de los quarks para dar lugar a los protones y neutrones, o los fotones que son partículas de luz (energía) que juegan un papel esencial para estabilizar el movimiento de los electrones alrededor de los núcleos atómicos, por citar dos de las más relevantes. Las partículas mencionadas constituyen solamente una pequeña muestra de la amplia variedad existente, que no son el objeto del presente escrito.

Las tablas de la ley química

Desde principios del siglo XIX se buscó ordenar de una manera racional los elementos químicos que se conocían (no más de 50 en esa época), agrupándose inicialmente en base a comportamientos químicos similares o a su peso atómico[9], hasta que en 1869 el químico ruso Dimitri Mendeleiev publicó su obra *Principios de química* donde se describía la primera clasificación de los elementos en forma de tabla, que incluía los 63 elementos químicos entonces conocidos, ordenados según su peso atómico y clasificados según sus valencias químicas[10], de manera que elementos con similares características químicas coincidían verticalmente (en las columnas). Esta disposición denominada Tabla Periódica se debe al hecho de repetirse las características químicas de los elementos similares, según se avanza en la misma. Mendeleiev

---

[9] El peso atómico es la suma de los protones y neutrones del núcleo de un átomo.

[10] Número relacionado con los electrones de los niveles energéticos más externos de un elemento, que refleja su capacidad de combinarse consigo mismo o con otros elementos.

dejó en la tabla una serie de casillas vacías o huecos intermedios, al desconocerse todavía los elementos que debían ocuparlos, pero fue capaz de predecir las características químicas de tales elementos, aún por descubrir[11]. Cuando Mendeleiev publicó su Tabla Periódica no se conocían las interioridades del átomo, como es la existencia de un núcleo y una corteza, y mucho menos las partículas que residían en ellos.

La Tabla Periódica fue perfeccionada ya en el siglo XX, quedando finalmente los elementos ordenados de manera creciente, según filas y columnas. En las filas, denominadas periodos, se sitúan los elementos de acuerdo con su número atómico; en las columnas, que se denominan grupos, se encuentran ordenados elementos que tienen características químicas similares, siendo los que proporcionan la información más útil. De acuerdo con esta disposición, la Tabla Periódica está formada por una matriz de 18 grupos y 7 periodos. Los 3 primeros periodos tienen menos grupos, al corresponder a elementos que contienen un número inferior de electrones, mientras que cada uno de los restantes 4 periodos contiene 18 casillas. En cada casilla se sitúa un elemento, excepto en dos casillas en que se ubican 15 elementos en cada una de ellas:

- casilla del grupo tercero (G3) y periodo sexto (P6), donde están los elementos denominados *lantánidos* o *tierras raras*, con números atómicos que van del 57 al 71,

- casilla inferior a la anterior (G3/P7), donde se ubican los *actínidos* (números 89 a 103), que son los elementos naturales más pesados de la Tabla. A partir del uranio (número 92) son elementos altamente radioactivos, que tienden a descomponerse en periodos relativamente cortos.

---

[11] Galio, escandio y germanio.

Tras los actínidos, la Tabla se completa con 15 elementos denominados superpesados (números 104 a 118), todos ellos sintetizados en el siglo XXI. La Tabla da la impresión que la materia del universo podría estar compuesta por un máximo de 118 elementos químico, de los cuales la mayor parte son metales[12], un total de 98 agrupados en distintas familias (alcalinos, alcalinotérreos, de transición, semimetales y metaloides), que se sitúan en las zonas izquierda y central de la Tabla. El resto de elementos se ubican en la parte derecha: 12 elementos no metales y 7 gases nobles, a los que hay que añadir el hidrógeno, elemento singular que arbitrariamente se suele situar en el grupo de los metales alcalinos por razones de simetría, aunque sus características no son las de un metal.

Respecto al estado físico de los elementos químicos, una amplia mayoría son *sólidos* en las condiciones de la Tierra, existiendo 11 elementos *gaseosos* (hidrógeno, nitrógeno, oxígeno, flúor y cloro, además de los primeros 6 gases nobles) y tan solo dos son *líquidos*, el bromo y el mercurio.

Los elementos situados después del uranio (número 92), denominados transuránidos o transuránicos, son inestables debido al tamaño relativamente grande de sus núcleos, que se descomponen espontáneamente hasta convertirse en átomos más pequeños y estables, al tiempo que emiten radiación en forma de energía o partículas, fenómeno que se conoce como *radioactividad*. Los seis primeros transuránidos (del neptunio al californio) son los menos inestables, habiéndose sintetizado como resultado de actividades llamadas *nucleares*[13]. Del plutonio (número 94) existen cantidades relativamente importantes, del orden de cientos de

---

[12] En sentido químico del término, distinto al que se utiliza en astronomía que denomina metal a todos los elementos químicos a partir del helio.

[13] Investigación (aceleradores de partículas), medicina (isótopos), obtención de energía (reactores nucleares de fisión) o uso de armas nucleares y termonucleares.

toneladas, reprocesadas a partir del combustible *quemado* en las centrales nucleares de fisión, ya que este peligroso elemento no se encuentra naturalmente en la Tierra. El fermio (número 100) fue aislado por primera vez en 1952 a partir de residuos de las pruebas de una bomba de hidrógeno en una ex-isla del océano Pacífico. El resto de elementos actínidos y superpesados se han sintetizado en actividades de investigación, teniendo sus isótopos más estables unas vidas medias muy cortas, que van desde un minuto a milésimas de segundo.

La comunidad científica inmortalizó la memoria Mendeleiev dando su nombre al elemento 101 (mendelevio) descubierto en 1955, circunstancia que solamente había tenido lugar anteriormente con Marie Curie (curio, elemento 96), Einstein (einstenio, 99) y Enrico Fermi (fermio, 100). Posteriormente se han utilizado nombres de científicos para identificar los elementos números 102, 104, 106, 107, 109, 111, 112, 114 y 118.

El último elemento que completa la Tabla Periódica se ha denominado *organesón* en honor al físico ruso Yuri Oganessian, estando incluido formalmente en el grupo 18 de los gases nobles, aunque sus características parecen corresponder más bien a un elemento sólido. Su vida media es menor de un milisegundo.

☛ **La Tabla Periódica no es un simple catálogo de información sobre todos los elementos que componen la materia visible, sino una auténtica biblia de la química, donde los átomos están ordenados de tal manera que la posición de cada uno de ellos ofrece una fotografía bastante fiable sobre su naturaleza y su previsible comportamiento químico.**

TABLA PERIÓDICA DE LOS ELEMENTOS QUÍMICOS

	GRUPO 1	2	3	4	5	6	7	8	9	10	11	12	13	14	15	16	17	18
PERIODO	alcalinos	alcalinoterreos	transición										semimetales		no metales		halógenos	gases nobles
1	1 hidrogeno H 1																	2 helio He 4
2	3 litio Li 7	4 berilio Be 9											5 boro B 11	6 carbono C 12	7 nitrogeno N 14	8 oxígeno O 16	9 fluor F 19	10 neón Ne 20
3	11 sodio Na 22	12 magnesio Mg 24											13 aluminio Al 27	14 silicio Si 28	15 fósforo P 31	16 azufre S 32	17 cloro Cl 35	18 argón Ar 40
4	19 potasio K 39	20 calcio Ca 40	21 escandio Sc 45	22 titanio Ti 48	23 vanadio V 51	24 cromo Cr 52	25 manganeso Mn 55	26 hierro Fe 56	27 cobalto Co 59	28 niquel Ni 59	29 cobre Cu 64	30 cinc Zn 65	31 galio Ga 70	32 germanio Ge 73	33 arsénico As 75	34 selenio Se 79	35 bromo Br 80	36 kriptón Kr 84
5	37 rubidio Rb 85	38 estroncio Sr 88	39 itrio Y 89	40 zirconio Zr 91	41 niobio Nb 93	42 molibdeno Mo 96	43 tecnecio Tc (98)	44 rutenio Ru 101	45 rodio Rh 103	46 paladio Pd 106	47 plata Ag 108	48 cadmio Cd 112	49 indio In 109	50 estaño Sn 119	51 antimonio Sb 122	52 teluro Te 128	53 iodo I 127	54 xenón Xe 131
6	55 cesio Cs 133	56 bario Ba 137	Lantánidos 57 - 71	72 hafnio Hf 179	73 tantalio Ta 181	74 wolframio W 184	75 renio Re 186	76 osmio Os 190	77 iridio Ir 192	78 platino Pt 195	79 oro Au 197	80 mercurio Hg 201	81 talio Tl 204	82 plomo Pb 207	83 bismuto Bi 209	84 polonio Po (209)	85 astato At (210)	86 radón Rn (222)
7	87 francio Fr (223)	88 readio Ra (226)	Actínidos 89 - 103	104 rutherfordio Rf (261)	105 dubnio Db (262)	106 seaborgio Sg (263)	107 bohrio Bh (264)	108 hassio Hs (265)	109 mitnerio Mt (268)	110 darmstadtio Ds (281)	111 roentgenio Rg (272)	112 copernicio Cn (285)	113 nihonio Nh (286)	114 flerovio Fl (289)	115 moscovio Mc (290)	116 livermorio Lv (291)	117 teneso Ts (294)	118 organesón Og (294)

Lantánidos	57 lantano La 139	58 cesio Ce 140	59 praseodimio Pr 141	60 neodimio Nd 144	61 promecio Pm (145)	62 samario Sm 150	63 europio Eu 152	64 gadolinio Gd 157	65 terbio Tb 159	66 disprosio Dy 163	67 holmio Ho 165	68 erbio Er 167	69 tulio Tm 169	70 iterbio Yb 173	71 lutecio Lu 175
Actínidos	89 actinio Ac (227)	90 torio Th (232)	91 protactinio Pa (231)	92 uranio U (238)	93 neptunio Np (237)	94 plutonio Pu (244)	95 americio Am (243)	96 curio Cm (247)	97 berquelio Bk (247)	98 californio Cf (251)	99 einstenio Es (252)	100 fermio Fm (257)	101 mendelevio Md (258)	102 nobelio No (259)	103 laurencio Lr (262)

número atómico	6	carbono	*nombre*
símbolo	C	12	*masa atómica (6 protones + 6 neutrones = 12)*

Las masas atómicas entre paréntesis indican elementos radiactivos, correspondiendo al isótopo de vida más larga

¿Cómo se transforma la materia?

Cuatro fuerzas fundamentales

A partir de transformaciones evolutivas de las partículas más pequeñas que existen, básicamente los quarks y los electrones ya mencionados, mediante una serie de trasformaciones progresivas, la materia se ha ido convirtiendo en más compleja, hasta formar toda la materia del mundo visible.

☛ ***Las transformaciones evolutivas de la materia tienen lugar principalmente por la actuación de las denominadas fuerzas fundamentales de la naturaleza.***

Las fuerzas o interacciones fundamentales de la naturaleza se pueden reducir a cuatro, que no han variado desde el origen del universo, siendo el resto de fuerzas o interacciones que existen, derivadas de las cuatro fundamentales. Las dos primeras fuerzas, descubiertas en los siglos XVII y XVIII respectivamente, gobiernan el comportamiento de la materia que percibimos por nuestros sentidos, mientras que las dos últimas descubiertas en el siglo XX son menos perceptibles al actuar a escala subatómica.

a. La fuerza gravitacional o gravitatoria, de acuerdo con la física clásica es una interacción únicamente atractiva entre cuerpos que tienen masa, como por ejemplo la atracción que se ejerce entre la Tierra y la Luna o entre el Sol y la Tierra, siendo la causa que determina la caída de los cuerpos sobre la superficie terrestre o de que estemos literalmente *pegados* al suelo. Es una fuerza de largo alcance, pero de intensidad débil cuando no están implicadas grandes masas. Las leyes que rigen la actuación de la gravedad fueron descubiertas en el siglo XVII por el científico inglés Isaac Newton. Ya en el siglo XX, según la Teoría de la Relatividad de Einstein la atracción gravitatoria no está causada por fuerza alguna, sino que es una deformación del espacio-tiempo originada por la presencia de materia.

b. La fuerza electromagnética, descubierta en el siglo XVIII, se ejerce entre partículas que poseen carga eléctrica. En el caso de partículas en reposo se trata de la *fuerza electrostática*, que puede ser atractiva si las partículas tienen distinta polaridad (positiva y negativa) o repulsiva cuando son de la misma polaridad. Si las partículas se encuentran en movimiento, a la fuerza electrostática se superpone la *fuerza magnética*, que además de las cargas depende también de la velocidad de interacción de las partículas cargadas. Normalmente ambas fuerzas se engloban en el término *fuerza electromagnética*, que es una interacción de mayor alcance y de intensidad más fuerte que la gravedad, si bien su actuación está menos generalizada ya que la materia suele ser eléctricamente neutra. Ejemplos de su actuación lo constituyen muchos fenómenos eléctricos cotidianos, como es la rotación de los motores electromagnéticos que produce la electricidad.

c. La fuerza nuclear fuerte mantiene unidos los quarks entre ellos, así como los protones y neutrones del núcleo atómico. Es con diferencia la más intensa de las fuerzas, funcionando a distancias extremadamente cortas y necesitando temperaturas considerablemente elevadas para su actuación. Un ejemplo de este tipo de interacción son las reacciones nucleares que se producen en las estrellas liberando enormes cantidades de energía, que hacen que estos cuerpos brillen y emitan calor.

d. La fuerza nuclear débil es de corto alcance y menos intensa que la de anterior y que la electromagnética. Esta fuerza actúa en determinadas reacciones que afectan al núcleo de los átomos, como es la desintegración de los isótopos radiactivos utilizados en medicina.

Las interacciones nuclear y electromagnética son responsables de la constitución de *enlaces*. La primera de ellas forma enlaces entre partículas de tamaño subatómico del tipo de los quarks o los nucleones, para dar lugar mediante reacciones nucleares a la formación de *protones, neutrones* o *núcleos atómicos*. La interacción electromagnética es la causa de las reacciones químicas, que forman enlaces entre átomos originando *moléculas* y *compuestos*. La interacción gravitatoria no forma enlaces, actuando de manera diferente, básicamente atrayendo la materia para facilitar la actuación de las otras fuerzas.

Un ejemplo de la actuación conjunta de las fuerzas de la naturaleza es la formación de una estrella a partir de las nubes de gases que existen en el espacio, compuestas esencialmente por hidrógeno y helio. De manera muy resumida el mecanismo es el siguiente: en una zona del espacio con mayor densidad de materia de las nubes gaseosas, la atracción de la gravedad puede llegar a concentrar la materia de dicha zona e incluso la materia más diluida de las nubes cercanas. Este fenómeno, que se denomina *colapso gravitatorio*, inicia la concentración, compresión y consiguiente calentamiento de la materia colapsada, que según va adquiriendo una mayor masa actúa como foco de atracción de nueva materia circundante. El mecanismo compresión-calentamiento funcionando durante decenas o cientos de miles de años, da lugar a la formación de una concentración importante de materia comprimida a temperaturas muy elevadas, que constituye lo que se llama una *protoestrella*. Esta situación de crecimiento y calentamiento sostenido se mantiene hasta que se alcanzan las condiciones para que comience a actuar la interacción nuclear fuerte, iniciándose los procesos de la fusión nuclear[14], que hacen que la protoestrella se ilumine y comience a liberar grandes cantidades de energía, dando lugar a que su propia materia deje de comprimirse para transformarse en una estrella estable. Dentro de este proceso general, la gravedad tiene que vencer la repulsión entre los núcleos de hidrógeno (de carga positiva) debido a la fuerza electromagnética, para aproximarlos a distancias muy cortas que permitan que se inicien las reacciones de unión de dichos núcleos (fusión nuclear).

☛ **La formación y ciclo de vida de las estrellas, constituyen un ejemplo de la actuación conjunta de las tres interacciones más importantes de la naturaleza –gravitatoria, electromagnética y nuclear fuerte– en los mecanismos de fabricación de átomos pesados (todos los que existen, a excepción de los de hidrógeno y helio) que tienen lugar en las estrellas.**

Tres magnitudes físicas

Las fuerzas de la naturaleza actúan cuando se dan las condiciones necesarias para que lo hagan, circunstancia que suele estar relacionada con los valores de determinadas magnitudes de carácter fisicoquímico, siendo la más relevante de ellas la *temperatura*. Al calentarse la materia su temperatura aumenta, de manera que los átomos y moléculas que la componen van alcanzando niveles energéticos cada vez más elevados, pudiendo aumentar su movi-

---

[14] Unión de átomos de elementos ligeros (hidrógeno, helio) para formar átomos de otros elementos más pesados.

miento o su vibración de tal forma que su estado físico puede pasar de sólido a líquido o incluso a gas. En sentido contrario, si la materia se enfría tiende a formar estados vez más compactos o densos. Los procesos de calentamiento y enfriamiento resultan ilustrativos para ayudar a comprender las transformaciones de la materia que se describen en el presente manual. Un ejemplo muy utilizado es el calentamiento de un trozo de hielo.

Calentando y enfriando la materia

Supongamos un trozo de hielo, al que se va aportando calor de manera progresiva. El hielo, que inicialmente se encuentra a una temperatura negativa (en grados centígrados) que lo mantiene en estado sólido, al alcanzar los 0 grados comienza a fundirse convirtiéndose en agua líquida. A los 100 grados de temperatura se inicia la evaporación del agua. Hasta este punto no se ha producido variación alguna en la composición de la materia (agua), que cambia su estado de líquido a gas, pero su composición continúa siendo la misma (H_2O).

A partir de este punto tienen lugar transformaciones a nivel más profundo de la materia, rompiéndose en primer lugar una serie de enlaces originados por la **interacción electrostática**. Cuando la temperatura del vapor alcanza 2.500 grados, se rompen los enlaces de las moléculas de agua, quedando los elementos que la componen, hidrógeno y oxígeno, también en forma molecular gaseosa. A 10.000 grados, se separa de cada núcleo de hidrógeno el único electrón que posee, quedando libre el protón. En ese momento la materia es una mezcla de protones, electrones y átomos de oxígeno, todo ello en estado de plasma.

Cuando la materia alcanza 150.000 grados se desprende el primer electrón de la capa más externa de la corteza del átomo de oxígeno, separándose progresivamente los otros electrones debido al calentamiento, hasta que el último de ellos (el octavo, más próximo al núcleo] se separa cuando la temperatura es de varios millones de grados. En ese momento dejan de existir los átomos de oxígeno, quedando sus núcleos, así como los protones de los átomos de hidrógeno y todos los electrones libres, con sus cargas eléctricas correspondientes. Los protones y electrones tienen distinta polaridad eléctrica, manteniéndose separadas debido a las elevadísimas temperaturas en que se encuentran.

Al seguir calentando la materia la **interacción nuclear fuerte** comienza a intervenir en las operaciones, de manera que al alcanzarse valores de las temperaturas del orden de billones de grados se rompen los núcleos de oxígeno, separándose los protones y los neutrones, partículas que tras un calentamiento final a conciencia hasta alcanzar temperaturas elevadísimas, se romperían para liberar otras más pequeñas, los quarks. A la enorme temperatura final alcanzada, el trozo de hielo se habría convertido en un ***magma desordenado que contiene quarks y electrones***, partículas elementales que se supone son indivisibles, acompañadas de una enorme cantidad de energía.

Si una vez obtenidas las partículas elementales se invirtiera el proceso iniciando un enfriamiento progresivo, la materia comenzaría a transformarse mediante la unión de los quarks para formar protones y neutrones, si bien la vida media de estos últimos es muy corta, pudiéndose convertir todos en protones. Al completarse el enfriamiento hasta volver a los 0 grados centígrados de partida, probablemente existiría un gas compuesto únicamente por hidrógeno molecular. La formación de átomos de oxígeno, que podrían haber facilitado que la materia volviese a su estado original de agua/hielo, habría requerido disponer de hornos de transformación del tipo de las estrellas.

Partiendo de las partículas más pequeñas, quarks y electrones, la formación de materia cada vez más compleja tiene lugar en el marco de un proceso general de expansión, que conlleva un enfriamiento continuado de la materia.

Otra magnitud importante es la *presión*, que suele estar estrechamente relacionada con la temperatura en el caso de los gases. Si la materia está en estado gaseoso, al expansionarse (disminuye su presión) se enfría; por el contrario, cuando aumenta la presión, el gas tiende a calentarse. Por lo tanto, la variación de la presión (compresión o expansión) puede también causar el calentamiento o enfriamiento de la materia, facilitando la actuación de las fuerzas.

Una tercera magnitud que tiene una influencia decisiva en la evolución es el *tiempo*, entendido en sentido cronológico de los largos periodos en que suceden o pueden suceder las transformaciones de la materia. En los procesos evolutivos denominados «singularidades», que por su naturaleza tienen muy bajas probabilidades de ocurrir, la posibilidad de que la materia disponga de largos o muy largos periodos –de millones a miles de millones de años, una eternidad en comparación con la duración de la vida del ser humano– para que tengan lugar determinadas transformaciones, aumentan de manera sensible las probabilidades de que las singularidades ocurran.

Otras causas más sutiles

La acción de las fuerzas básicas de la naturaleza, moduladas por la temperatura y la presión en muy largo periodos de tiempo (millones de años), determinan las transformaciones fisicoquímicas que originan las formas fundamentales de la materia visible, los átomos, así como de los procesos de unión de los mismos para formar moléculas y compuestos cada vez más complejos.

En el caso concreto de la Tierra, a partir de *moléculas complejas* compuestas de largas cadenas de polímeros[15], que además

---

[15] Formada por la unión de miles de moléculas más pequeñas.

poseían determinadas funciones específicas (replicarse, absorber la energía, etc.), las teorías de mayor aceptación suponen que la vida es una propiedad que emerge de la interacción de dichas moléculas. Tanto en el origen como en la evolución de la materia que forma los seres vivos, se supone que intervienen otros factores o causas más sutiles, como son la complejidad alcanzada por la propia materia y las *propiedades emergentes* de dicha materia compleja.

De acuerdo con el bioquímico francés Jacques Monod, premio Nobel de Fisiología y Medicina en 1965, en las transformaciones evolutivas de naturaleza biológica lo que evoluciona no es la materia compleja en sí misma, sino su forma de organizarse, no teniendo sentido la expresión «materia viva». Monod señala dos factores fundamentales en las transformaciones de la materia en general: la necesidad y el azar. Los mecanismos evolutivos de la materia tienden a desarrollar *necesariamente* propiedades o capacidades que mejoren la adaptación de las entidades materiales al medio, siendo el *azar* el factor que permite abrir el abanico de pruebas para seleccionar aquellas opciones que mejor se ajusten al desarrollo de dichas capacidades.

La materia atómica se hace compleja

Los átomos se combinan

El átomo es una forma muy sociable de la materia a la que no le gusta estar sola, sintiendo la necesidad imperiosa de unirse con otros átomos para dar lugar a compuestos químicos. La unión entre átomos se produce mediante la formación de enlaces químicos, a partir de las partículas nómadas y con mucha movilidad que son los electrones más externos de cada átomo, sobre los que los correspondientes núcleos electropositivos ejercen una menor atracción. Existen tres tipos principales de enlaces químicos –iónico, covalente y metálico–, basados en intercambiar o compartir electrones por la acción de la fuerza electromagnética.

Cuando se intercambian electrones entre átomos diferentes, uno de ellos dona electrones (pierde cargas negativas) convirtiéndose en un *ion de carga positiva (catión)*, mientras que el otro átomo recibe los electrones perdidos por el anterior, transformándose en un *ion de carga negativa (anión)*. De esta manera cada átomo se ha convertido en un ion de carga opuesta, uno positivo y otro negativo, que se atraen mutuamente por la interacción electromagnética, estableciéndose entre ambos iones un enlace, para constituir un compuesto de ambos átomos. Este tipo de enlace se denomina *iónico*.

Si un determinado número de electrones de la zona periférica de cada uno de los átomos, se comparten en lugar de intercambiarse, se forma otro tipo de enlace denominado *covalentes* entre ambos átomos.

El enlace *metálico* también está basado en la actuación de las fuerzas electrostáticas por el mecanismo de compartir electrones, aunque es un enlace que presenta características más difusas, al existir una mayor deslocalización entre los electrones que se comparten, de modo comunitario por los núcleos de varios átomos. Es un tipo de enlace característico de los metales, aunque éstos pueden formar también enlaces iónicos y covalentes.

Existe una notable excepción a la avidez de los átomos por combinarse: los elementos incluidos en el grupo 18 del sistema periódico, ocupado por los llamados gases nobles, a saber, helio, neón, argón, kriptón, xenón y radón, tienen la capa más externa de la corteza electrónica ocupada por el máximo de electrones que puede contener dicha capa. Esta situación es muy cómoda desde el punto de vista de la química, de manera que a los gases nobles ni les sobran ni les faltan electrones en sus capas periféricas, no teniendo la necesidad de intercambiar o compartir sus electrones. Debido a esta configuración electrónica, los gases nobles son perezosos al no tener interés alguno en unirse a otros átomos plebeyos, para formar compuestos.

A pesar que los elementos químicos son únicos y comunes para cualquier compuesto químico, existen dos maneras principales de combinarse entre ellos, dando lugar a dos disciplinas de la química: la química orgánica y la inorgánica.

Compuestos orgánicos y compuestos inorgánicos

La química orgánica se conoce también como química del carbono por estar basada en dicho elemento, cuyos átomos tienen buena disposición para formar enlaces entre ellos mismos y con unos pocos elementos más, llegando a componer las grandes moléculas complejas características de los organismos vivos, de donde viene el calificativo de *orgánica.*

El átomo de carbono presenta una gran variedad de maneras de combinarse, pudiendo formar enlaces simples, dobles o triples, bien consigo mismo o con otros elementos químicos, ya sea según estructuras lineales o cíclicas. Puede también constituir compuestos denominados *isómeros,* que tienen fórmulas idénticas pero distintos grupos funcionales[16], que dan origen a diferentes comportamientos químicos.

En los compuestos orgánicos predomina el *enlace covalente,* siendo los más sencillos líquidos o gases que arden fácilmente y no se disuelven en agua. Las moléculas más complejas y los compuestos de tipo polimérico suelen ser sólidos.

La química inorgánica agrupa los compuestos que no son orgánicos, constituyendo lo que se suele denominar materia inerte. En su mayoría son compuestos sólidos de tipo mineral, difíciles de fundir y de quemar y que en general se disuelven en agua, propiedades todas ellas típicas de moléculas unidas por

[16] Un grupo funcional es característico de una familia de compuestos orgánicos, que tienen comportamientos químicos similares.

enlaces iónicos. Forman el sustrato de carácter inerte de los planetas rocosos, como la Tierra, del tipo de las rocas o las arenas. La proporción de oxígeno en los compuestos inorgánicos suele ser mayor que en los orgánicos.

Conviene precisar que existen compuestos de carbono cuyas características son propias de la química inorgánica, como es dióxido de carbono (CO_2), gas de gran importancia en las transformaciones de la materia en la Tierra, así como otros compuestos sólidos del tipo de los carbonatos.

El número de compuestos orgánicos que existen puede llegar a ser muy elevado, manejándose cifras de millones, en cualquier caso, de órdenes de magnitud mucho mayores que el número de compuestos inorgánicos, que se estima en decenas de miles.

La pirámide de la materia

Para visualizar el camino evolutivo de la materia, el astrofísico francocanadiense Hubert Reeves utiliza la figura de una pirámide truncada[17], exponiendo fundadas razones para la elección de esta forma geométrica como modo de describir las transformaciones de la materia.

Cualquier forma de materia visible que existe, desde las partículas más pequeñas hasta el complejo mundo que podemos observar, se sitúa en alguno de los escalones de dicha pirámide. En los laterales de la misma se indican los parámetros o magnitudes relacionadas con las transformaciones, como son las fuerzas de la naturaleza actuantes o los lugares conocidos del universo donde ocurren dichas transformaciones.

---

[17] *La hora de embriagarse. ¿Tiene sentido el universo?*, Hubert Reeves, Editorial Kairós (1988).

Las ideas esenciales del símil de la pirámide de la materia, que se utiliza a lo largo del presente manual, son las siguientes:

a) La materia no existía hace 14.000 millones de años (Ma), comenzando a construirse la imaginaria pirámide cuando se formó el universo con las partículas subatómicas más pequeñas que se conocen, las partículas elementales mencionadas en el apartado «Composición de la materia», que se ubican en el escalón o nivel inferior de dicha pirámide. A partir de la unión de dichas partículas y de los nucleones formados, se van constituyendo los sucesivos niveles o escalones siguientes, en los que se sitúan formas materiales cada vez más complejas que ocupan cada uno de los niveles superiores: nucleones (protones y neutrones), átomos, moléculas, células, organismos pluricelulares y ecosistemas.

b) La forma piramidal simboliza el hecho de que en cada escalón o nivel, la cantidad de materia que se transforma y asciende al nivel superior es una proporción, en general pequeña o muy pequeña, de la materia que existe en el escalón inferior de partida. Éste es un aspecto fundamental de la pirámide.

c) Conforme se ascienden los escalones o niveles:

- La temperatura del universo y la de la materia que se forma es menor.
- La materia es más compleja y ordenada que la del escalón inferior.
- Las estructuras materiales formadas son cada vez más débiles, al ser los enlaces químicos de los niveles superiores (organismos vivos) manifiestamente más débiles que los enlaces nucleares que actúan entre las partículas atómicas y subatómicas.

d) Con excepción de los dos niveles más bajos (partículas elementales y nucleones) que se completaron y *se cerraron* al formarse de manera casi instantánea toda la materia visible al comienzo del universo, pequeñas porciones del resto de la materia continúan transformándose y ascendiendo en la pirámide.

e) La pirámide no tiene vértice superior, siendo la parte superior un escalón más al que podrían añadirse otros nuevos. Esta construcción pone de manifiesto la idea de que la materia sigue transformándose y no existen razones para pensar que haya llegado a la culminación de su evolución.

Hubert Reeves afirma que *«la naturaleza se estructura como un lenguaje»*, comparando la pirámide de la materia con los distintos niveles del lenguaje humano. Los escalones de la pirámide son como alfabetos superpuestos, en los que la materia está constituida por las letras del nivel inferior. Las formas básicas de la materia visible o bariónica, los átomos, que serían las *letras* o caracteres que forman el alfabeto, cuya combinación componen las *palabras*, que se corresponderían con las moléculas. Por ejemplo, el agua (H_2O) sería una palabra compuesta de dos letras, hidrógeno (H) y oxígeno (O).

☛ **De acuerdo con la idea del lenguaje de la naturaleza, un área científica como es la geología que estudia las rocas y minerales, se escribiría con unas pocas letras –oxígeno, hierro, calcio, aluminio, magnesio y algún elemento más–, mientras que para la biología se utilizarían básicamente cuatro: carbono, hidrógeno, oxígeno y nitrógeno.**

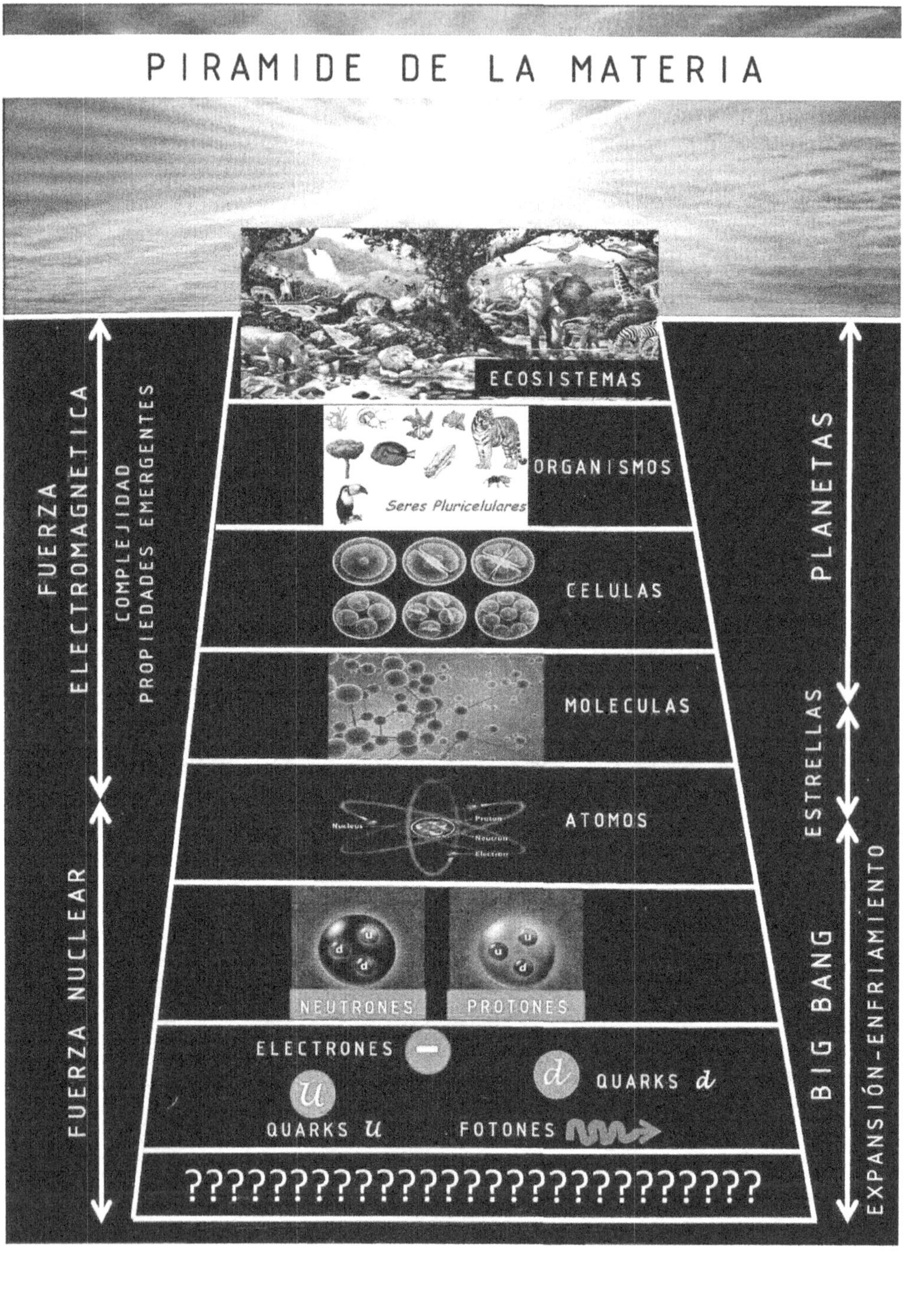
PIRAMIDE DE LA MATERIA
ECOSISTEMAS
ORGANISMOS
Seres Pluricelulares
CELULAS
MOLECULAS
ATOMOS
NEUTRONES
PROTONES
ELECTRONES
QUARKS d
QUARKS u
FOTONES
?????????????????????????????
FUERZA ELECTROMAGNETICA
COMPLEJIDAD PROPIEDADES EMERGENTES
FUERZA NUCLEAR
PLANETAS
ESTRELLAS
BIG BANG
EXPANSIÓN-ENFRIAMIENTO

III)

Formación de la primera materia

Una teoría asombrosa

La materia no es eterna

De acuerdo con las más recientes y contrastadas teorías científicas, la materia visible que compone nuestro universo no es eterna, sino que tuvo un origen, pudiendo asegurarse que las primeras formas materiales, mucho más sencillas que las que actualmente podemos observar, se formaron hace algo menos de 13.800 Ma, no constando que pudiera haber existido materia alguna con anterioridad.

Estas ideas son opuestas a las que mayoritariamente sostenían los científicos todavía hace un siglo, cuando se suponía que el universo era eterno (ha existido siempre), estático (las posiciones y movimientos de los cuerpos celestes son siempre los mismos) e inmutable (no se puede cambiar), creyéndose también que sus dimensiones se limitaban a nuestra galaxia, la Vía Láctea. De acuerdo con estas premisas, la materia que compone el universo debía ser también eterna. Sin embargo, la eternidad del universo chocaba con las creencias de tipo religioso, que durante muchos años habían sido el referente principal sobre este tema. Uno de los poderes esenciales que se supone tienen las divinidades religiosas es el de ser creadores del universo, que por tanto según estas ideas no era eterno. Pese a que, desde finales del siglo XVII, las contribuciones de científicos como el inglés Isaac Newton habían contribuido a consolidar una serie de conocimientos, sobre todo los relativos a la Física que daba una explicación razonable del mundo y del movimiento de los cuerpos celestes, todavía las ideas antropocentristas y geocentristas[18] impregnaban las distintas formas del saber humano.

En este contexto, en las primeras décadas del siglo XX comenzaron a desarrollarse una serie de ideas y teorías, que con el paso del tiempo han dado lugar al relato científico moderno que describe el origen de la materia del universo y sus transformaciones posteriores, relato que se conoce como Modelo Cosmológico del Big Bang caliente, una narración físico-matemática de general aceptación entre la comunidad científica, ajustada a las observaciones y datos experimentales de la teoría del Big Bang (gran explosión), en referencia al momento que se supone se inició un proceso de expansión de una ingente cantidad de energía que se encontraba concentrada en un volumen increíblemente pequeño, con valores de temperatura y presión inimaginables, pero de cuya procedencia no se tienen conocimientos posibles de ser verificados. Técnicamente se conoce como Modelo Lambda-CDM[19], denominación que hace alusión a una serie de aspec-

---

[18] Ideologías que sitúan al hombre y al entorno en donde habita (el planeta Tierra) como entidades centrales del universo, alrededor de las cuales todo gira, en sentido literal.

[19] Lambda es la constante cosmológica relacionada con la expansión acelerada del Universo, que actualmente se asocia a la energía oscura, y CDM es la abre-

tos incluidos en el mismo, constituyendo una teoría científica de consenso establecida a finales del siglo XX, con el propósito de poner en común las diferentes interpretaciones de datos y observaciones experimentales que se disponen, así como los dispersos modelos particulares desarrollados sobre el mismo tema a partir de las primeras décadas del siglo pasado.

En el inicio y desarrollo de los conocimientos científicos que constituyen la base del Modelo, han participado de una manera u otra un numeroso grupo de científicos de diferentes generaciones entre los más relevantes de los últimos tiempos, que han demostrado un nivel asombroso de clarividencia en sus predicciones, una parte importante de las cuales se ha ido cumpliendo. Todo ello a pesar de las incertidumbres que todavía subsisten y de los nuevos enigmas que han surgido durante el desarrollo de esta impresionante obra científica.

Bases del modelo cosmológico

El primer paso para establecer las bases de un modelo científico que explicase el comportamiento del universo, lo dio Albert Einstein en 1917, a partir de las ecuaciones incluidas en su Teoría de la Relatividad General, que se suponía debían explicar el comportamiento de los cuerpos del universo. La visión sostenida mayoritariamente por los científicos de un universo que se consideraba eterno y poco dado a transformarse, estaba implícita en las ecuaciones originales de Einstein, postulando el universo como un ente único y completo para el que se intentaba describir su relación con el espacio, el tiempo y la materia. Una afortunada circunstancia para la formulación y consolidación del modelo del Big Bang, fue que su origen y desarrollo coinci-

---

viatura en ingles de Materia Oscura Fría (Cold Dark Matter).

dió con la llegada de otra moderna disciplina dentro del campo de la Física, la Mecánica Cuántica, que junto con la Física Relativista comenzaron a consolidarse como los pilares fundamentales de la Física moderna.

Teoría de la Relatividad

Albert Einstein, considerado como uno de los más brillantes científicos de todos los tiempos, trabajando como examinador en la oficina suiza de patentes, en una actividad fundamentalmente práctica y lejos de las aulas universitarias y de los laboratorios, que se supone constituyen el entorno natural de un científico en ejercicio, desarrolló las bases de una teoría eminentemente especulativa que formuló en dos partes: la Teoría de la Relatividad Especial en 1905 y la Teoría de la Relatividad General en 1915.

Entre los principios de la Teoría de la Relatividad se establece:

- la equivalencia entre la energía y la masa de los cuerpos ($E=mc^2$), formula que permite calcular las cantidades resultantes de las transformaciones de cualquiera de ambas magnitudes, en la otra,
- los efectos gravitatorios no son originados por fuerza alguna, sino que tiene su causa en la curvatura o deformación del espacio-tiempo generada por la presencia de materia,
- el tiempo no transcurre igual para observadores que se muevan a velocidades diferentes[20],
- la luz y el espacio pueden ser deformados por efecto de la gravedad,

[20] Esta idea se utiliza en la primera película de la saga del planeta de los simios.

– la velocidad de la luz, cuyo valor es de 300.000 km por segundo, es una constante universal de valor insuperable.

Los efectos descritos por la Física Relativista se demuestran, sobre todo, en sistemas de gran tamaño en los que la fuerza gravitatoria es preponderante, así como en sistemas que se muevan con velocidades que se aproximen a la velocidad de la luz.

Pese a que los principios en que se basa el modelo del Big Bang pertenecen a la *Mecánica Relativista*, los fenómenos físicos que suceden en la formación y transformaciones de la materia en sus primeros momentos, a escala de *partículas subatómicas muy pequeñas*, caen dentro del dominio de la *Mecánica Cuántica*. El modelo asume que cuando comenzó la expansión de la materia tras el Big Bang, las partículas subatómicas formadas en los primeros momentos estaban sometidas a fenómenos cuánticos apreciables, pero además la importante densidad y proximidad de las partículas daba lugar a una atracción gravitatoria intensa, echándose en falta la existencia de una *teoría cuántica de la gravitación*, que podría permitir un estudio más preciso de los fenómenos acaecidos.

Física Cuántica

A diferencia del enfoque determinista de la Física clásica o newtoniana imperante hasta finales del siglo XIX, que postulaba que las leyes de la física actúan como un mecanismo de precisión, en la Mecánica Cuántica la incertidumbre y las probabilidades juegan un papel importante, proporcionando una visión de la realidad más compleja y menos intuitiva que la Física clásica. La Física Cuántica iniciada por Max Planck a principios del siglo XX, describe de manera muy aproximada el mundo de las partículas subatómicas y constituye la base de desarrollos fundamentales en los campos de la electrónica, informática, óptica, física nuclear, química o biología molecular, entre otros. Su aportación, junto con el llamado Modelo de Partículas, ha permitido describir de manera bastante precisa los primeros momentos de la materia.

La Física Cuántica presenta una serie de peculiaridades aplicables a la materia a escala atómica y subatómica, cuanto menos chocantes para el entendimiento tradicional de los fenómenos naturales. Entre ellas destacan:

– Las partículas subatómicas (en las que están incluidas los fotones que componen la luz y cualquier otro tipo de radiación) que constituyen los componentes básicos del universo conocido, tienen una naturaleza dual al poder comportarse como *partículas* y como *ondas*, aunque no pueden ser estudiadas con ambas naturalezas al mismo tiempo, manifestándose como partículas sobre todo cuando se observan y como ondas el resto del tiempo.

– La medida de cualquier variable relativa a una partícula (velocidad, posición...), que tiene valores precisos en el contexto de la Física Clásica y Relativista, en Física Cuántica no se conocen de manera concreta, siendo meras probabilidades. Estas medidas están afectadas por la incertidumbre del proceso de observación (*«el observador crea la realidad»*). Sus predicciones apuntan las probabilidades de que un hecho ocurra, sin afirmar que vaya a tener lugar o no.

– Confirma la existencia de conexiones no locales que afectan a las partículas entrelazadas (posibilidad de acción a distancia), conexiones que han sido comprobadas experimentalmente a nivel subatómico y cuya extrapolación a escalas mayores podría fundamentar la hipótesis de unión efectiva entre las partes del universo con la totalidad del mismo.

El modelo del Big Bang

Hubble y la expansión del universo

En el recorrido que la ciencia comenzó hace un siglo, un elevado número de científicos han contribuido a definir y verificar un modelo coherente, basado en la revisión de las aportaciones de los sucesivos descubrimientos que han ido teniendo lugar desde entonces. En el contexto del presente escrito se menciona la contribución esencial de media docena de ellos, que de una manera u otra tuvieron gran relevancia en su gestación y desarrollo.

A partir de las teorías relativistas desarrolladas por Einstein, el propio físico alemán y un notable número de colegas comenzaron a estudiar su aplicación al comportamiento de los cuerpos materiales del universo. Uno de los supuestos de partida de los cálculos era el carácter estático del universo, de manera que tenía que existir *algo* que hacía que los cuerpos del cosmos (estrellas, planetas y demás) se mantuviesen en sus posiciones, sin chocar entre ellos debido a la atracción gravitatoria. Para satisfacer este supuesto, Einstein introdujo en sus ecuaciones un término conocido como la constante cosmológica[21], equivalente a una «antigravedad». Sin embargo, los resultados de la resolución de las ecuaciones relativistas, apuntaban a la idea de un universo en expansión como, entre otros, pretendía el sacerdote jesuita y físico belga George Lemaître, quien comunicó estos resultados a Einstein sin lograr convencerle sobre la validez de los mismos en favor de la hipótesis del universo en expansión, manteniéndose el científico alemán firme en sus convicciones respecto al carácter estático del universo.

---

[21] La introducción de dicha constante fue considerada posteriormente por Einstein como su mayor error científico, por lo que fue descartada. La constante cosmológica ha vuelto a ponerse de actualidad un siglo más tarde, tras el descubrimiento de la energía oscura.

Mientras los físicos discutían sobre la constante cosmológica y los indicios sobre el universo en expansión, a principios de la década de 1920 el astrónomo norteamericano Edwin Hubble comenzó a trabajar con un potente telescopio recién inaugurado en Monte Wilson (California), dedicándose a estudiar lo que suponía eran cúmulos de gases dentro de la Vía Láctea, como es el caso de lo que entonces se denominaba nebulosa de Andrómeda. Hubble descubrió que esa nebulosa es en realidad una gran acumulación de estrellas, que constituyen numerosas galaxias diferentes de la Vía Láctea. Al medir las distancias y otros parámetros relacionados con las velocidades relativas a las que se mueven las galaxias respecto a la Vía Láctea, mediante el estudio de la luz recibida de las mismas[22], encontró que todas ellas *se alejan* de nuestra galaxia a distintas velocidades, con valores mayores cuanto más lejanas se encuentran. En base a estos resultados en 1929 formuló la ley que lleva su nombre (posteriormente se la ha llamado Hubble-Lemaître), que permite establecer una relación lineal entre la velocidad de alejamiento de cada galaxia y la distancia a la que se encuentra respecto a la Vía Láctea: cuanto más distante está una galaxia de la Vía Láctea, más rápido se aleja, y viceversa.

☛ La conclusión principal de los descubrimientos de Hubble era que **el universo está en expansión**, no siendo por tanto ni estático ni inmutable, demostrando también que sus dimensiones van mucho más allá de la Vía Láctea, que resulta ser una más entre las muchas galaxias que pueblan el universo.

---

[22] Por medidas espectroscópicas y otras basadas en el llamado efecto Doppler.

Lemaître y el Átomo Primigenio

Los descubrimientos de Hubble significaban una auténtica revolución respecto a las ideas dominantes durante muchos siglos sobre el universo, dando un vuelco a la visión cosmológica imperante entre los científicos, que les obligaba a revisar sus planteamientos. El tenaz Lemaître volvió a la carga en 1931 con una nueva idea sobre el universo, que resultaba de aplicar un razonamiento lógico al hecho de estar el universo en expansión: sugirió que según se retrocedía en el tiempo toda la materia que forma el universo tuvo que ocupar un espacio cada vez menor, de manera que al principio de los tiempos debía haber estado concentrada en un volumen muy pequeño que denominó Átomo Primigenio, un nombre poco llamativo con el que se conoció de manera provisional la teoría de Lemaître. Esta teoría suponía la puntilla al concepto del universo heredado del siglo XIX, al perder éste el último de sus supuestos atributos como era la eternidad, ya que debía haber comenzado en el momento que se inició su expansión, si la hipótesis de Lemaître resultaba ser cierta.

Como sucede con todas las nuevas ideas que van contra otras firmemente asentadas, la hipótesis propuesta por Lemaître, a pesar de ser en ese momento poco más que una idea basada en la expansión del universo, fue recibida con general escepticismo y en algunos casos con notable animosidad. Una parte importante del rechazo era debido a que en los años 30 del siglo pasado existía ya en circulación otra teoría antagonista llamada Teoría del Estado Estacionario, que tenía un gran número de seguidores entre los científicos al estar más en consonancia con las ideas imperantes entonces sobre las características de inmutabilidad atribuidas al universo. Un ferviente defensor de la Teoría del Estado Estacionario, y por lo tanto detractor de las ideas de Lemaître, era el astrofísico británico Fred Hoyle, gran divulgador y notable científico por sus investigaciones sobre la formación de elementos químicos en las estrellas. También existían reticencias derivadas del hecho que el autor del planteamiento era un sacerdote católico, sospechándose que podía ocultar motivaciones creacionistas relacionadas con la religión. Sorprendentemente, la jerarquía católica fue uno de los primeros estamentos en aceptar la idea sobre el origen del universo, intentando barrer para casa al considerar que esta teoría era un apoyo evidente al relato bíblico creacionista. El Vaticano sigue manteniendo en la actualidad un programa muy activo sobre observaciones y teorías cosmológicas. Paradójicamente, la formulación del modelo basado en la hipótesis de Lemaître también fue acogida positivamente por los partidarios de teorías de corte netamente materialista, pretendiendo igualmente ver detrás del relato cosmológico científico la confirmación de sus ideas filosóficas.

☛ **La idea fundamental que el cosmólogo belga Lemaître lanzó a la arena científica era que el universo tuvo un origen, coincidente con el momento en que la materia que supuestamente lo componía comenzó a expansionarse a partir de un volumen muy pequeño en que se encontraba concentrada.**

Gamow decanta la balanza

La disputa entre partidarios de las teorías del Átomo Primigenio y del Estado Estacionario continuó durante toda la década de 1940, ganando la idea de Lemaître progresivamente nuevos seguidores, que comenzaron a sustanciar científicamente la hipótesis original. Un espaldarazo decisivo a esta teoría lo proporcionó el físico estadounidense de origen ruso Georges Gamow, que se había convertido en el azote de Hoyle, de la misma manera que éste lo era de Lemaître. El equipo dirigido por Gamow desarrolló y dio un impulso decisivo a la idea de que el universo primigenio estaba concentrado en un volumen muy pequeño.

Según un trabajo publicado en 1948[23], el comienzo de la expansión del universo estuvo marcado por un gran resplandor para inmediatamente después, durante un tiempo muy corto y en un universo extremadamente caliente y denso, formarse toda la materia del mismo a partir de la energía. Según sus cálculos y deducciones, el universo primigenio tuvo que estar compuesto por los dos primeros elementos químicos (hidrógeno y helio) en proporciones másicas de 3/4 y 1/4, respectivamente. El eco del resplandor original, debía subsistir actualmente en forma de radiación al no existir ninguna causa aparente que pudiese haber evitado su propagación.

Hoyle contestó los cálculos y predicciones de Gamow, derivadas de un modelo teórico que estaba todavía por demostrar, argumentando que el hidrógeno y el helio habían existido siempre en el universo. La guinda del pastel sobre la teoría de Lemaître la aportó de manera involuntaria el propio Hoyle en 1949, cuando durante un programa radiofónico de la BBC comenzó a referirse a dicha teoría como la *gran explosión* (en inglés *Big Bang*) con ánimo de ridiculizarla, siendo, por el contrario, el origen de la denominación con la que se ha popularizado.

☛ El debate entre ambas teorías comenzó a decantarse a favor de Lemaître de manera definitiva cuando se verificaron las predicciones de Gamow. En 1965 se descubrió la «**radiación de microondas del fondo cósmico**», que es como se denomina a la huella o eco del Big Bang en forma

---

[23] Alpher, Bethe y Gamow, coautores del artículo quizás más importante para la aceptación del modelo, conocido con las tres primeras letras del alfabeto griego (alfa, beta, gamma),

de radiación, anunciada por Gamow. En la década de 1980 los análisis de la radiación emitida por la materia del universo, confirmaron la **composición y porcentajes** de la misma, predicha 40 años antes por el físico ruso-americano, en base a modelos matemáticos basados en las ideas de Lemaître.

Aunque a partir de 1965 el seguimiento de la teoría del Estado Estacionario cayó en picado entre los científicos, Fred Hoyle murió en año 2001 sin haber aceptado la idea del Big Bang, a pesar de que muchos de sus trabajos de investigación sobre la síntesis de elementos químicos en las estrellas, forman parte del modelo cosmológico basado en la teoría del Big Bang

A diferencia de la investigación científica actual que exige grandes medios y trabajo en equipo, la contribución de grandes científicos de la talla de Einstein, Lemaître, Hubble, Gamow y Hoyle (este último, aspectos concretos y a su pesar) para desarrollar, verificar y dar a conocer las bases del modelo cosmológico del Big Bang, tuvo un componente más individual. En el proceso se avanzaron ideas teóricas, una parte importante de las cuales no fueron validadas hasta varias décadas después. Si hubiera que añadir un científico relacionado con la Mecánica Cuántica, disciplina cuya contribución es fundamental para entender los primeros momentos del universo, éste sería el físico alemán Max Planck, que se supone es el *padre* de la Física Cuántica, disciplina que permitió el desarrollo de los fundamentos de los primeros momentos del universo, cuando toda la materia se encontraba en forma de partículas subatómicas.

Formación de partículas y átomos

La materia proviene de la energía

Los científicos denominan la situación que dio comienzo al universo como «singularidad inicial», que constituye una barrera para la ciencia, de momento imposible de atravesar. Por lo tanto, no se pueden aplicar los conocimientos actuales al periodo anterior en que se supone que no existía todavía espacio, ni tiempo, ni tampoco podían actuar las interacciones o fuerzas de la naturaleza, cayendo cualquier teoría al respecto en el terreno de las especulaciones. En esas condiciones inimaginables no podía existir tampoco materia alguna, de manera que el único *vector* que queda como posible origen de todo lo que compone el universo es la denominada energía primigenia.

☛ Cálculos recientes de modelos matemáticos sumamente elaborados y precisos basados en mediciones astronómicas[24], establecen que hace algo menos de 13.800 millones de años se produjo un enorme resplandor originado por una cantidad inconmensurable de energía que se encontraba concentrada en un volumen muy pequeño y en unas condiciones inimaginablemente elevadas de densidad, presión y temperatura, dando comienzo a un **proceso de expansión y enfriamiento**. Dicho resplandor es lo que se conoce como **Big Bang**, constituyendo el inicio del relato de la formación del universo y de toda la materia visible que éste contiene.

---

[24] Sonda WMAP (Wilkinson Microwave Anisotropy Probe) de la NASA, lanzada en junio de 2001.

La hipótesis de mayor aceptación entre los científicos respecto al mecanismo general que dio lugar a la formación de la materia a partir de la energía primordial, es la denominada fluctuación del vacío cuántico, fenómeno constatado a nivel subatómico en los grandes aceleradores de partículas. El vacío cuántico no es realmente un espacio vacío ni es la *nada*, pero es lo que más se asemeja a este último concepto de carácter más bien metafísico y que consistiría en la ausencia de materia. El vacío cuántico es un campo de mínima energía donde se pueden originar espontáneamente pares de partículas materiales, una partícula y su correspondiente antipartícula, que poseen propiedades idénticas, pero alguna de ellas es contraria e incompatible respecto a la otra partícula, utilizándose el prefijo *anti* para diferenciarlas entre sí. El par partícula/antipartícula suele tener una vida muy efímera, aniquilándose mutuamente en periodos de tiempo muy cortos, con la consiguiente devolución de la energía que dio lugar a las partículas, al campo energético de donde proceden. El balance final de materia y energía involucradas en este proceso es, o debería ser, nulo, pues los estados inicial y final acaban siendo idénticos. Así pues, a partir del vacío cuántico se ha constatado la creación de materia y antimateria en forma de partículas, por ejemplo un *electrón*, de carga negativa, y su antipartícula que sería el *positrón*, con la misma masa y carga eléctrica pero de signo opuesto (positivo).

Este fenómeno pone de manifiesto una de las características fundamentales de la naturaleza como es la tendencia a la simetría, que se manifiesta tanto en la materia inerte (por ejemplo, los minerales cristalizados que reflejan el orden simétrico de los átomos en su interior) o en los seres vivos, que suelen tener cuerpos simétricos en torno a un eje.

El hecho que al universo se le haya asignado una fecha de nacimiento, que correspondería al momento del comienzo de la expansión de la mencionada energía primigenia, coincidiendo con el inicio del espacio y del tiempo, es una suposición razonable, pero que en sí misma tampoco es verificable.

☛ **De acuerdo con el modelo, los elementos científicos disponibles permiten establecer que en torno al momento en que se inicia la expansión y el enfriamiento de la energía primigenia, cuando obviamente no existían todavía galaxias, estrellas, moléculas o átomos, comenzó a originarse la materia a partir de dicha energía. Desde el momento de su formación, la materia emprende un camino de transformaciones que le conduce a hacerse cada vez más compleja.**

Volviendo al terreno de las especulaciones, una hipótesis extendida relativa al origen de la energía primigenia es que procede del rebote de un universo anterior que ha llegado al final de su ciclo de existencia. Esta teoría forma parte de un concepto general denominado multiverso o metaverso, que se suele fundamentar en criterios probabilísticos, de manera que para que un universo pueda llegar a albergar una propiedad determinada, como podría ser el caso de la vida, ésta se habría originado tras una serie de intentos fallidos a lo largo de un tiempo y de un número de universos prácticamente infinitos.

Otra idea también evocada en las teorías sobre el multiverso, es que se trata de un universo-matriz del cual se engendrarían supuestamente diferentes universos a través de agujeros negros, mediante mecanismos similares al Big Bang. Dentro del multiverso tendría cabida todo lo que existe, incluido el espacio, el tiempo, la materia, la energía, y todas las leyes y constantes físicas que describen cualquier fenómeno. Los universos que forman parte del multiverso se denominan universos paralelos, universos alternativos u otros universos.

A pesar de que el concepto del multiverso y los universos paralelos es una construcción sin ninguna evidencia que lo pruebe, está en sintonía con las ideas probabilísticas de la Física moderna. Es una teoría relativamente popular entre los científicos debido a que sustenta un posible origen de la energía primigenia y además aporta un mayor nivel de coherencia con respecto a determinados modelos matemáticos, que pueden considerarse afines al modelo del Big Bang[25].

Debido a su enfoque probabilístico y de que sería una especie de prototipo necesario para definir y probar las condiciones de *funcionamiento* de los universos posteriores, el concepto de multiverso estaría en consonancia con otra teoría como es la del *ajuste fino* de ciertos parámetros de la naturaleza (constantes físicas, relación de masas electrón/protón, etc.) cuyos valores precisos, necesarios para que se haya desarrollado el universo tal como es, habrían ido ajustándose mediante procesos cuasi-evolutivos ocurridos en universos paralelos precedentes, de los cuales nuestro universo habría sacado provecho. En cualquier caso, dicho concepto tampoco resuelve los interrogantes de carácter más metafísicos ligados al origen del universo, puesto que al final se choca con las ideas de que exista algo que pueda ser eterno o que haya tenido un origen espontaneo.

Preparativos para la formación de la materia

Para una mayor coherencia del modelo se considera que el universo, que estaba concentrado en un minúsculo volumen, ya era infinito cuando comenzó su expansión, aunque la materia que se formó a continuación no ocupara un volumen infinito. A partir del comienzo de la expansión se supone que suceden una serie

---

[25] Como la teoría de la inflación cósmica.

de periodos o eras sucesivas (de Planck, de la gran unificación, de la inflación cósmica, electrodébil,...) de duraciones ultracortas, en las que acontecen hechos y se dan circunstancias que son importantes para el Modelo, pero que son complejos y difíciles de comprender a nivel divulgativo, sin que contribuyan a una mejor visualización del mismo.

De entre dichos periodos destaca el llamado periodo inflacionario, que tiene una importancia especial para la lógica del modelo del Big Bang. La simple expansión física tiene un carácter gradual aunque pueda producirse de manera muy rápida (en cualquier caso a una velocidad menor que la de la luz), antojándose demasiado lenta para las necesidades del Modelo, si se tiene en cuenta la inestabilidad de la materia formada en los primeros instantes del universo.

☛ **La teoría de la «inflación cósmica» propuesta por Alan Guth en 1980 sostiene que debió existir otro mecanismo que se superpuso a la expansión, de manera que en un periodo ultracorto[26] tuvo lugar un formidable proceso de expansión[27] para salvar el estado inestable llamado de *falso vacío*[28] en que se encontraba el joven universo, ocurriendo este último proceso instantáneo de expansión a una velocidad superior a la de la luz.**

---

[26] Del orden de 1 dividido por una cifra de 32 dígitos, en segundos.

[27] Se supone que el volumen del espacio ocupado por la materia creció en un factor de 26 dígitos.

[28] A diferencia del *vacío*, que es un campo que contiene el nivel más bajo posible de energía, el *falso vacío* es un campo con un nivel muy bajo de energía, aunque superior al del vacío.

La teoría de la inflación cósmica, además de su contribución a resolver algunos problemas del Modelo relacionados con la geometría plana del universo, lleva a una mejor explicación de la homogeneidad en la distribución de materia y de la temperatura del universo. Recientes descubrimientos sobre una partícula llamada *inflatón* ayudan a sustentar la hipótesis de la inflación del universo, que a principios de la década de 1980 estaba basada únicamente en ecuaciones matemáticas. Actualmente dicha teoría está ampliamente aceptada desde el punto de vista conceptual, aunque formalmente no se considera como parte del modelo cosmológico por la dificultad que entraña su validación experimental.

Una vez resueltas las urgentes necesidades que pudieron dar origen a la expansión del universo, éste continuó con su expansión *normal*. En el marco espacio-temporal del universo que se va expandiendo, la historia de la formación de la materia se corresponde con un *proceso físico de enfriamiento*, en el que tuvieron un papel determinante las interacciones o fuerzas de la naturaleza, que al principio debían estar unificadas en una única gran fuerza y fueron separándose[29] al disminuir los valores de la temperatura[30] y densidad, apareciendo en escena progresivamente las diferentes interacciones ya separadas, para dar comienzo al proceso de formación de la primera materia a partir de la energía. Todos los valores de temperaturas que se indican en este escenario se refieren a grados kelvin o temperatura absoluta.

---

[29] Primero se separó la fuerza gravitatoria, quedando las otras tres englobadas en una gran fuerza unificada, de la que se separó posteriormente la fuerza nuclear fuerte. La interacción electrodébil fue la última en separarse en sus fuerzas componentes: electromagnética y nuclear débil.

[30] Inicialmente el valor de la temperatura era una cifra de 32 dígitos.

Formación del hidrógeno

La primera materia formada fueron las partículas elementales (electrones, neutrinos y quarks, principalmente), que en los primeros momentos se supone que no tenían masa. La conversión de energía en materia, de acuerdo con la ecuación de Einstein $E=mc^2$, tuvo lugar mediante la formación de pares partícula-antipartícula que se destruían mutuamente transformándose de nuevo en energía, según el mencionado mecanismo de fluctuación del vacío cuántico. Para sustentar el hecho de que toda la materia originada no se autoaniquilara, la hipótesis de mayor aceptación es la suposición de la existencia de una situación infinitesimal de asimetría[31] entre las cantidades de materia y antimateria formadas, de manera que en el balance final tras la aniquilación de ambas materias habría quedado una cantidad residual de una de las materias, que es la que ha llegado a formar la materia visible conocida. Las causas que originaron esa supuesta decisiva asimetría entre partículas y antipartículas, que de no haber existido no se habría formado materia alguna en el universo, es una de las mayores incógnitas de la ciencia.

Rápidamente (como todo lo que se considera que ocurrió en ese ultracorto periodo) determinadas partículas pudieron dotarse de masa, por un mecanismo denominado de Higgs[32], comenzando el proceso de formación de la materia ordinaria a partir de los quarks. Un proceso similar pudo tener lugar para dotarse de masa las otras partículas elementales, como son los electrones

---

[31] Una partícula de pico por cada 1.000 millones de pares partícula - antipartícula.

[32] Científico que predijo la existencia de la partícula a la que se le dio su nombre, llamada *divina* por su relevancia en el mecanismo de «creación» de la materia. Los resultados del primer experimento del gran acelerador de partículas LHC del CERN en Suiza en 2012, supusieron un primer paso en la identificación de dicha partícula.

y los neutrinos, entre otras. La formación de esta primera materia sucedió en medio de un mar de radiación (energía), en condiciones similares al imaginario proceso de calentamiento de la barra de hielo descrito en páginas anteriores.

Pero ese inacabable primer segundo dio para mucho más, cuando la temperatura que iba cayendo en picado alcanzó valores que permitieron que los quarks comenzaran a unirse a causa de la interacción nuclear fuerte, formando protones y neutrones, partículas ambas denominadas nucleones, hasta que se agotaron los quarks libres. La proporción inicial entre protones y neutrones recién formados debía de ser paritaria, ya que la elevada temperatura favorecía los procesos de conversión mutua entre los dos tipos de nucleones[33], pero como los protones son mucho más estables que los neutrones[34], a medida que descendía la temperatura dicha proporción se fue desequilibrando a favor de los protones, comenzando a disminuir drásticamente el número de neutrones.

Al finalizar ese largo y agitado primer segundo tras el Big Bang, con una temperatura en torno a los 10.000 millones de grados (700 veces la del núcleo del Sol), se suele hacer referencia a la existencia de una sopa formada principalmente por protones, neutrones, electrones, fotones y neutrinos, pudiéndose concluir que ya existía la primera materia bariónica estable formada por neutrones y protones. La presencia de protones libres permite afirmar que existían núcleos del primero y más ligero de los elementos del sistema periódico, el hidrógeno, formados por un protón aislado. Pero en esos momentos la proporción de neutrones libres no se había estabilizado todavía y su número conti-

---

[33] Protón + electrón = neutrón + energía.

[34] La vida media de los neutrones es menos de 15 minutos, mientras que la de los protones (en años) es una cifra compuesta por más de 30 dígitos, prácticamente eterna.

nuaba descendiendo de manera peligrosa para su supervivencia, al proseguir el proceso de conversión en protones.

Transcurrido un minuto, cuando el número de neutrones se estima que había caído por debajo del 20% del número de protones, comenzó a frenarse su desaparición al alcanzar la temperatura valores en que la interacción nuclear fuerte propició que los dos nucleones se uniesen como pareja estable protón-neutrón, formando núcleos de deuterio, isótopo del hidrógeno más pesado que el protio y que constituyó un auténtico refugio para salvar la fauna de neutrones en peligro de extinción. Los neutrones son partículas esenciales que forman parte de los núcleos de todos los elementos químicos del sistema periódico, excepto del hidrógeno natural. En el caso que hubieran desaparecido todos los neutrones al convertirse en protones, el proceso de formación del resto de los elementos químicos sin duda hubiese sido más difícil en un universo compuesto únicamente de protones, aunque la naturaleza siempre tiene ases en la manga para la formación de neutrones mediante reacciones nucleares[35]. No hubo que acudir a estas cartas marcadas, ya que una proporción (¿apropiada?) de neutrones se pudo salvar.

☛ Tres minutos después del Big Bang, la temperatura había descendido por debajo de los 1.000 millones de grados, favoreciendo la estabilidad de los núcleos de hidrógeno/deuterio formados por un protón y un neutrón. En esos instantes quedó fijada definitivamente la proporción de la materia ordinaria que se había formado, que era de ***siete protones por cada neutrón***. Los neutrones se encontraban *resguardados* por los protones dentro de los núcleos de deuterio, que constituían el 25 % de la masa de la materia

[35] Del tipo protón-electrón o bien protón-protón.

bariónica. El resto de dicha materia (75 %) eran protones libres, o lo que es lo mismo, núcleos de hidrógeno/protio. Por lo tanto, durante unos pocos minutos la materia bariónica estuvo compuesta únicamente por núcleos de **hidrógeno**, en sus formas isotópicas más ligeras, el protio (sin neutrones) y el deuterio (con un neutrón).

Después de esos primeros instantes del universo, los neutrones no han vuelto a ser partículas libres o aisladas, encontrándose tuteladas por los protones en los núcleos de los átomos más pesados que el hidrógeno.

Formación del helio

Estando la marmita del Big Bang funcionando a pleno rendimiento, con temperaturas todavía muy altas, a pesar que su valor había bajado de los 1.000 millones de grados kelvin, se daban las condiciones adecuadas para que las fuerzas nucleares iniciaran las reacciones de fusión nuclear entre núcleos de átomos de hidrógeno (protones y núcleos de deuterio), para sintetizar núcleos del segundo elemento del sistema periódico, el helio, compuesto por dos protones y dos neutrones. Este proceso denominado *nucleosíntesis primordial* finalizó cuando los frágiles neutrones abandonaron el hidrógeno, para no volver al elemento donde habían estado alojados unos pocos minutos. Ya acomodados en los núcleos de helio, residieron en ellos sin nuevos sobresaltos durante unos cientos de millones de años.

Reacciones nucleares

Los núcleos de los átomos están compuestos por protones con carga eléctrica positiva y neutrones sin carga, confinados en un volumen muy pequeño. Al tener la misma carga (positiva), los protones tienden a repelerse entre ellos por la interacción electromagnética, permaneciendo unidos debido a que en distancias cortas la interacción nuclear fuerte es mucho más intensa que la electromagnética. Los neutrones le dan estabilidad al núcleo al *diluir* la repulsión entre protones. El equilibrio de fuerzas en los núcleos de los elementos ligeros, hace que su estabilidad vaya aumentando con el número atómico hasta llegar al hierro (elemento número 26), a partir del cual la estabilidad de los núcleos de los átomos de los elementos siguientes comienza a disminuir, hasta los elementos más pesados del sistema periódico que son muy inestables. Suelen estabilizarse emitiendo espontáneamente partículas y/o energía, mecanismo que se denomina desintegración radioactiva.

La fusión nuclear es una reacción en que los núcleos de dos elementos ligeros, de número atómico anterior al 26, se unen (o fusionan) para formar núcleos de elementos más pesados. La reacción de fusión más sencilla es la formación del helio a partir de núcleos de átomos de hidrógeno, que es la que tuvo lugar durante la nucleosíntesis primordial. Para que tenga lugar dicha reacción hay que aportar elevadas cantidades de energía y que los núcleos fusionantes estén muy próximos. La fusión nuclear es el mecanismo principal, aunque no el único, de formación de átomos pesados en las estrellas.

Hay que distinguir la fusión de la fisión nuclear, proceso este último en el que se fragmentan núcleos de elementos muy pesados (torio, uranio, plutonio) dando lugar a núcleos de elementos más ligeros y partículas subatómicas. Los núcleos de los elementos en torno al uranio son los más inestables del sistema periódico, debido a su gran tamaño, rompiéndose (fisionándose) por el impacto de neutrones. Para que una reacción de fisión en cadena se mantenga, es necesaria una cantidad mínima de material fisible, normalmente isótopos del uranio y del plutonio.

Ambos tipos de reacciones nucleares generan cantidades enormes de energía, debido a la transformación de parte de la materia de los productos reaccionantes, de acuerdo con la ecuación de Einstein $E=mc^2$, si bien la energía generada en los procesos de fusión es de un orden de magnitud muy superior a la obtenida de los procesos de fisión.

La utilización de la energía generada a partir de las reacciones nucleares por los seres humanos, se inició con finas armamentísticos. La energía de fisión se desarrolló en 1945, cuando se fabricaron y lanzaron las primeras bombas atómicas de fisión, mientras que las primeras bombas de hidrógeno o *bombas H*, basadas en la fusión[36] comenzaron a probarse a partir de 1952. Para la producción de energía comercial se emplean reactores nucleares en los que tienen lugar reacciones controladas de fisión, que generan residuos de alta actividad difíciles de gestionar.

El desarrollo de la energía de fusión, mediante un proceso similar al que tiene lugar en las estrellas, con fines comerciales para generar energía eléctrica, es un reto difícil de alcanzar entre otras razones por las elevadas temperaturas que son necesarias y que condicionan otros factores del proceso, como es la disponibilidad de materiales que sean capaces de soportar dichas temperaturas. La energía de fusión constituye una tecnología relativamente limpia que, en caso de desarrollarse a escala comercial, podría resolver los problemas de abastecimiento energéticos de la humanidad. Existe un programa internacional, cuyo acrónimo en inglés es ITER (Reactor Internacional Termonuclear Experimental) en el que participan los países más avanzados (Estados

[36] Para iniciar las reacciones de fusión de las bombas H se hace explotar una bomba atómica de fisión.

Unidos, Rusia, Unión Europea, China, Japón, India y Corea del Sur) y que tiene por objeto desarrollar un prototipo de reactor de demostración basado en la fusión nuclear. Está previsto termine de construirse y comience a probarse a partir del año 2025.

La fabricación de núcleos de helio, última fase de los procesos de transformación de la materia inmediatamente después del Big Bang, no se detuvo hasta pasados unos 20 minutos desde su comienzo, cuando la temperatura ya había caído a valores del orden de 300 millones de grados kelvin y la distancia entre núcleos se había hecho demasiado grande debido a la rápida expansión del universo, circunstancia que disminuía las probabilidades de colisión, y por tanto de reacción nuclear entre los átomos.

☛ **En los primeros minutos tras el Big Bang se formó la totalidad de la materia bariónica del universo, quedando compuesta por núcleos de los dos primeros elementos del sistema periódico, en proporciones másicas de 75 % de hidrógeno y 25 % de helio[37], además de un porcentaje relativamente pequeño de deuterio (0,01 %) y trazas de núcleos de otros elementos químicos ligeros como son el litio y el berilio, que son los siguientes del sistema periódico.**

[37] Los porcentajes másicos del helio formado y del deuterio reaccionante son idénticos al tener ambos núcleos la misma relación protón/neutrón, si bien el número de núcleos de átomos formados de helio es la mitad del número de núcleos de deuterio de partida.

La materia formada en el Big Bang

Un momento irrepetible

En un periodo de tiempo que es prácticamente instantáneo a escala humana, como fue el inacabable, decisivo y hasta emocionante primer segundo tras el Big Bang, se originaron las partículas que componen toda la materia visible del universo. Por su rapidez, esta súbita generación de los componentes más simples de la materia tiene cierta semejanza con la idea de un proceso de creación, con la salvedad que no se tiene constancia que la materia se originase de la *nada*, estado que no se conoce que exista en el universo. La hipótesis más contrastada es que la materia se formó a partir de la energía primigenia, de origen desconocido.

Las primeras hipótesis y cálculos realizados por Gamow y sus colaboradores dieron como resultado que la materia primigenia formada estaba compuesta únicamente por núcleos de los dos primeros elementos, hidrógeno y helio, que se encontraban rodeados por cantidades enormes de energía. Los procesos de formación de dicha materia tuvieron que ocurrir muy rápidamente, con una variación de temperatura muy abrupta. El proceso de formación de la primera materia estable (protones y neutrones) se supone que se completó en un momento determinado en que existía una temperatura del orden de 10.000 millones de grados, momento que los científicos sitúan en torno al primer segundo tras el Big Bang.

En esa cascada de acontecimientos sucedidos en apenas instantes, resulta cuanto menos chocante que forman parte de un relato global que dura 13.800 Ma, cifra esta última calculada con un margen de error relativamente pequeño (alrededor de un 0,3 %), pero que debido a la enorme magnitud del tiempo transcurrido el error asociado al cálculo resulta tener un valor absoluto de unas decenas de millones de años. El Modelo permite concluir que dentro de los primeros segundos tras el Big Bang tuvo lugar un cúmulo de transformaciones, mientras que la mayor o menor proximidad de dicho relato a nuestros días es una circunstancia de menor relevancia.

Si en lugar de porcentajes másicos se utilizan porcentajes de número de átomos, se pone en evidencia que la materia visible originada tras el Big Bang[38] estaba formada esencialmente por protones (núcleos de hidrógeno) con una pequeña parte de núcleos de helio.

☛ **La materia primaria formada era esencialmente hidrógeno (o protones), con una pequeña parte de helio que contenía todos los neutrones que existían. Teniendo en cuenta que un átomo de helio pesa cuatro veces más que uno de hidrógeno, la materia recién creada estaba compuesta por 1 núcleo de helio por cada 12 núcleos de hidrógeno.**

En esos intensos primeros momentos tras el Big Bang ocurrieron circunstancias cuanto menos insólitas, como la supuesta existencia de una pequeña asimetría en la materia y antimateria formadas a partir de la energía, apenas una partícula de pico entre cada mil millones de partículas y antipartículas. Esta supuesta pequeñísima diferencia se considera que evitó la aniquilación total de los pares partícula-antipartícula, de manera que las partículas supervivientes constituyen la base de la materia ordinaria que compone el universo. Otra circunstancia curiosa que los cálculos del Modelo ponen de manifiesto es que los neutrones podrían haber desaparecido, hecho que se supone no se produjo al emparejarse *in extremis* cada neutrón con un protón, formando núcleos de deuterio. La formación de dichos núcleos significó la salvación de los neutrones de desaparecer, facilitando además las reacciones posteriores de fusión para formar núcleos de helio, ele-

---

[38] Para simplificar se hace referencia a la materia que se transformó en la primera media hora que siguió al Big Bang, como «materia formada en el Big Bang».

mento este último que, al igual que ocurre en el deuterio, contiene el mismo número de protones que de neutrones en el núcleo.

Tras la intensidad de las transformaciones ocurridas durante los 20 minutos que siguieron al Big Bang, parece que la materia recién formada necesitaba tomarse un merecido descanso. Las condiciones existentes no favorecían la actuación de ninguna de las interacciones de la naturaleza, ya que el acoplamiento radiación-materia y los valores de las temperaturas, que aunque seguían descendiendo con rapidez eran todavía muy elevadas, impedían la actuación tanto de las fuerzas nuclear y electromagnética como de la interacción gravitatoria, todo ello en un universo que era opaco al no poder avanzar libremente los fotones que componen la luz. Tocaba esperar a que el enfriamiento de la materia hiciese bajar el suflé, para que pudiesen continuar las transformaciones.

Primeros escalones de la pirámide

Media hora después del Big Bang, la materia formada ya había transitado por los tres primeros escalones de la imaginaria pirámide. Como se ha indicado, en cada escalón de la pirámide solamente una fracción de la materia que existe en dicho nivel se transforma, ascendiendo al nivel inmediatamente superior.

En el primer nivel o escalón de la pirámide se ubican las *partículas elementales* originadas directamente a partir de la energía primigenia. No se conoce la existencia de quarks aislados, suponiéndose que todos los quarks que forman la materia bariónica se asociaron inmediatamente de tres en tres, dando lugar a los nucleones (*protones* y *neutrones*). El resto de las partículas elementales formadas (electrones, neutrinos,...) no parece que sufrieran transformaciones significativas.

En el segundo nivel están los *nucleones (protones y neutrones)* ascendidos del nivel inferior, de manera que en este imaginario escalón estuvo contenida toda la materia bariónica del universo durante unos pocos minutos, en forma de protones aislados (75 % de la masa) y de núcleos de deuterio (25 % restante) compuestos por un protón y un neutrón. Como el núcleo del isótopo natural del hidrógeno, el protio, está formado por un solitario protón, otra forma de interpretar lo sucedidos es suponer que en esos escasos minutos toda la materia bariónica del universo eran núcleos de hidrógeno.

En el tercer escalón se sitúan los *átomos,* aunque todavía en estado de núcleos, siendo los *núcleos de helio* sintetizados por reacciones nucleares de fusión a partir del hidrógeno, la única materia realmente transformada a partir de los nucleones existentes en el escalón inferior. El helio constituía en esos momentos el 25 % de la masa de la materia bariónica del universo, siendo el resto protones libres, que no habían sufrido transformación alguna respecto al estado en que se encontraban en el nivel inferior, por lo que parece más razonable desde la lógica de la pirámide situarles en el escalón de las partículas. De cualquier manera, la pirámide no deja de ser una representación simbólica para visualizar de una manera más comprensible los procesos de transformación de la materia, la interpretación de una realidad física que es única.

Tras la nucleosíntesis primordial los núcleos de hidrógeno y de helio cargados positivamente, no podían unirse con los electrones de carga negativa, debido a las elevadas temperaturas y al acoplamiento existente entre la materia y la energía, ya que cada partícula material, fuese un núcleo atómico, un protón o un electrón, estaba envuelta por la radiación que lo impregnaba todo en una proporción de 1.000 fotones por partícula. Esta situación impedía que los núcleos de hidrógeno y helio llegasen a captar por atracción electromagnética los electrones necesarios para formar átomos neutros, encontrándose toda la materia del universo ionizada en forma de nubes de plasma, en un estado de agregación que se iba haciendo cada vez más diluido, denominado *enrarecido* en el argot astronómico.

LA MATERIA TRAS EL BIG BANG
(Hace 13.800 millones de años)

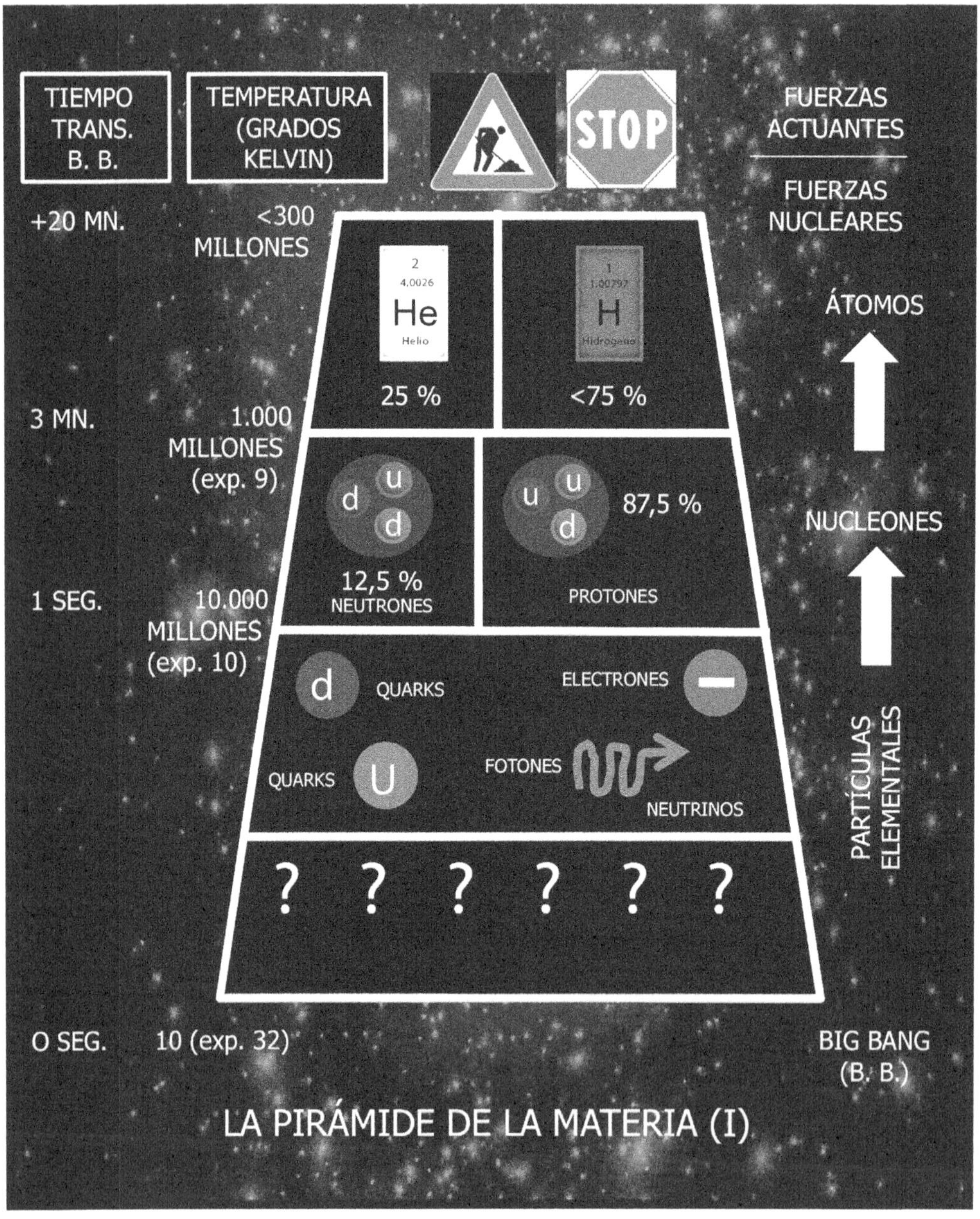

Tanto si los protones aislados se consideran como partículas subatómicas o como núcleos de hidrógeno natural, en cualquier caso el tercer nivel de la pirámide estaba por completar, todavía en estado de obras, pues más de 90 casillas de la Tabla Periódica permanecían vacías esperando ser ocupadas por átomos más pesados que los dos primigenios.

La radiación deja libre la materia

Después del frenético y laborioso periodo de la nucleosíntesis primordial, la materia, que al acabar los procesos de fusión del helio se encontraba a una temperatura de 300 millones de grados, continuó expansionándose y enfriándose. Ninguna transformación significativa sucedió hasta transcurridos 380.000 años, cuando la temperatura del universo había caído por debajo de 3.000 grados kelvin, condición necesaria para que la materia y la radiación pudieran desacoplarse, separándose los fotones (radiación) de las distintas formas materiales que existían, principalmente núcleos de helio, protones y electrones. El desacoplamiento no se consumó hasta pasados 100.000 años más, cuando los fotones pudieron viajar libremente en línea recta en todas las direcciones de un universo que se hizo transparente.

Esa nube de fotones denomina radiación cósmica de fondo constituye el eco o la huella del Big Bang, anticipada por G. Gamow y colaboradores. Desde su origen ha ido perdiendo intensidad energética, estando situada actualmente en la zona de microondas del espectro de radiación electromagnética[39], pudiéndose detectar cuando se sintonizan los televisores manualmente. Fue descubierta accidentalmente en 1965 por dos técni-

---

[39] El espectro electromagnético es la distribución energética del conjunto de las ondas electromagnéticas, que va desde las ondas de radio (las menos energéticas) hasta los rayos cósmicos (los más energéticos). Incluye la luz visible.

cos de Laboratorios Bell, durante la construcción de una antena de telecomunicaciones, al intentar eliminar unas señales que eran de origen desconocido. Por ese descubrimiento fueron galardonados con el premio Nobel de física unos años más tarde, junto con los científicos que demostraron su origen en el Big Bang. La radiación cósmica de fondo constituye una fuente de información de enorme transcendencia sobre el universo, habiéndose investigado exhaustivamente por medio de sondas espaciales[40].

El estudio de los datos obtenidos por las sondas ha permitido determinar con notable precisión parámetros como la edad del universo, la constante de Hubble o las densidades de los ingredientes del universo (los contenidos de materia bariónica, materia oscura y energía oscura), tanto en la actualidad como 380.000 años después del Big Bang, cuando las proporciones eran diferentes, sobre todo las de neutrinos y fotones que eran de un orden de magnitud equivalente al de la materia bariónica, en detrimento del componente mayoritario del universo que es la energía oscura, cuya proporción era sustancialmente menor a la existente hoy en día. Uno de los aspectos que más sorprende a los científicos, sobre esta especie de fotografía retrospectiva, es la enorme homogeneidad que muestra la materia del universo, que aparece como una nube de gas enrarecido con mínimas irregularidades, a partir de las que posteriormente se formarían las galaxias

---

☛ **Una vez que las partículas materiales quedaron libres de radiación, comenzó a actuar la fuerza electromagnética, haciendo que los núcleos de hidrógeno y helio (electropositivos) captasen por fin los electrones (electronegativos) necesarios para *completar* los átomos de ambos elementos. Por tanto los primeros átomos, la forma básica de**

[40] Como WMAP enviada en el año 2001.

la materia, situados en el tercer escalón de la imaginaria pirámide, no estuvieron completos hasta pasados alrededor de 480.000 años desde su formación durante el Big Bang.

También por la acción de la fuerza electromagnética se supone que tuvo lugar la primera reacción química del universo, correspondiente a la formación de las moléculas de hidrógeno (H_2) por combinación de pares de átomos de dicho elemento. Fue el nacimiento de la química, aunque limitada a la reacción de formación de la molécula de hidrógeno, ya que el helio, en su condición de gas noble, es inerte químicamente y no se combina consigo mismo ni con el hidrógeno.

De esta manera, parte de las nubes de plasma constituidas por partículas cargadas se convirtieron en nubes gaseosas de hidrógeno molecular, mezclado con helio atómico. La radiación cósmica, que hasta entonces había tenido un papel relevante en la formación de la primera materia, continuó enfriándose sin ya perturbar a la materia formada.

Una vez que los átomos neutros de los dos primeros elementos químicos se completaron al atraer a los electrones necesarios, la fuerza de la gravedad se impuso como motor principal de un lento proceso de concentración de las nubes gaseosas en torno a minúsculas irregularidades de la materia, comenzando a formarse nubes de enormes dimensiones que con el transcurrir del tiempo (contados en decenas de millones de años) dieron paso a la constitución de las galaxias, formadas por nubes de gas muy enrarecido que permanecieron como una masa gaseosa en expansión. El periodo de tiempo que transcurre desde el desacoplamiento entre materia y energía hasta la formación de las primeras estrellas, que se ha estimado en unos cientos de millones de años, se conoce como Edad Oscura y se supone que fue uno de los más tranquilos del universo, entendiéndose esa tranquilidad como ausencia de fenómenos violentos asociados a las transformaciones de la materia. Durante este periodo la temperatura del universo continuó cayendo de manera asintótica hasta valores en torno a los 60 grados kelvin (- 213 grados centígrados), cuando comenzaron los procesos de formación de las primeras estrellas.

IV)

Transformaciones en las estrellas

Alquimia estelar

El universo se ilumina

☛ Las estrellas son estructuras materiales formadas a partir de las nubes de gases del espacio y que tienen un ciclo de vida limitado (formación, periodo de transformación de la materia y muerte), son las fábricas donde se sintetizan todos los átomos de los elementos químicos del sistema periódico, con excepción de los de hidrógeno y helio.

Tomando como ejemplo la Tierra, los átomos de todos los elementos químicos que forman tanto las estructuras del tipo de las rocas y minerales como los seres vivos, han sido formados en las estrellas, con la excepción del hidrógeno[41]. De ahí la popular frase de que somos «polvo de estrellas».

La formación de los primeros átomos de elementos pesados[42] en las estrellas, tiene lugar a partir de los átomos de hidrógeno y helio primigenios mediante diferentes procesos nucleares, sobre todo las reacciones de fusión, que generan grandes cantidades de energía, una parte de la cual es necesaria para mantener dichas reacciones y el resto hace que las estrellas se iluminen como bolas de fuego y envíen grandes cantidades de radiación electromagnética al espacio interestelar.

La energía liberada en las reacciones de fusión tiene su origen en la perdida de una pequeña porción de masa de la materia reaccionante respecto a la masa de la materia final[43], masa que se transforma en energía de acuerdo con la ecuación de Einstein $E=mc^2$. Como norma general, en los átomos de número atómico inferior al del hierro (número 26), son posibles dichas reacciones al formarse enlaces entre los nucleones en un proceso que libera energía. El exceso de energía acumulado en una estrella debido a dichas reacciones se libera en el espacio interestelar, calentando los planetas y satélites que puedan orbitar en torno a la misma. En el caso de la Tierra, la energía recibida del Sol cubre ampliamente las necesidades energéticas de los organismos vivos que habitan en el planeta. La fabricación de átomos de elementos de número atómico mayor que el hierro tiene lugar por otros mecanismos.

---

[41] El helio prácticamente no existe en la Tierra, al no combinarse químicamente por ser un gas noble.

[42] La expresión *elementos pesados* se refiere a los de número mayor que el helio, equivalente a lo que se denomina *metales* en la jerga astronómica.

[43] La masa de un átomo de helio formado en una reacción de fusión es un 0,7 % menor que la suma de las masas individuales de los cuatro protones que intervienen en la formación del núcleo de helio.

Las primeras estrellas comenzaron su actividad en torno a 1.000 Ma después del Big Bang, y según cálculos estimativos mencionados por Carl Sagan, se supone que actualmente existen entre 200.000 y 400.000 millones de galaxias, cada una de las cuales puede contener a su vez entre 200.000 y 400.000 millones de estrellas. Una enormidad.

La transformación de los átomos de hidrógeno y helio en átomos pesados constituye un verdadero proceso de trasmutación, en el sentido del término acuñado por los alquimistas medievales para denominar unos quiméricos procesos de transformación de plomo en oro[44]. No lograron su objetivo, porque para su desgracia los alquimistas no disponían de hornos tan eficaces como son las estrellas, donde se ha generado no solamente todo el oro del universo, aunque no a partir del plomo necesariamente, sino todos los demás elementos pesados del sistema periódico.

Proceso de formación de una estrella

Las estrellas se forman como resultado de la acción de la fuerza de la gravedad actuando durante millones de años sobre las nubes gaseosas del espacio, al acentuarse las diferencias locales de densidad según el universo se va enfriando. A pesar de que las nubes y acumulaciones de gases se van distanciando debido a la expansión del universo, en determinadas zonas donde existe una mayor densidad de materia, la interacción gravitatoria da lugar a que la materia más próxima se concentre lentamente en las zonas más densas. Cuando la atracción gravitatoria se acentúa, predominando sobre cualquier otra interacción, se desencadena en la zona de la nebulosa un mecanismo denominado colapso gravitatorio, consistente en la concentración progresiva de la mate-

---

[44] Basándose en que ambos metales tienen una densidad similar.

ria de dicha zona, al tiempo que se ejerce una atracción gravitacional cada vez más intensa sobre la materia de sus alrededores. Dependiendo de la fuerza resultante de las interacciones que actúan sobre las nubes gaseosas, éstas pueden encontrarse en reposo o más comúnmente en movimiento de rotación alrededor de la zona colapsada, de manera que la materia de la parte central se va comprimiendo cada vez más y atrae con más fuerza la materia más próxima.

El proceso de compresión de los gases de la zona central colapsada, lleva consigo un calentamiento progresivo de la materia de la misma, de forma opuesta a como el proceso general de expansión del universo lleva consigo el enfriamiento de la materia. De esta manera, la energía de la masa central que se comprime se va transformando en calor que hace que aumente su temperatura. Con el paso del tiempo se forma un núcleo de materia comprimida a una elevada temperatura, denominado protoestrella, que suele llevar un disco de materia en rotación a su alrededor. Al captar más y más materia, la protoestrella se calienta durante un periodo de tiempo en torno a los 100.000 años, que acaba cuando los núcleos de átomos de hidrógeno y helio están suficientemente próximos (hay que recordar que los núcleos atómicos tienen carga positiva y por tanto se repelen) y se alcanzan temperaturas superiores a los 10 millones de grados, umbral que acciona el interruptor de puesta en marcha de las reacciones de fusión, iluminándose una nueva estrella.

El enorme calor que se genera en la protoestrella debido a las reacciones nucleares iniciales de fusión, se cede a las nubes de gas que se estaban comprimiendo, las cuales aumentan su presión interna que hace que se detenga el proceso de contracción en que se encontraba la parte central de la protoestrella, alcanzándose una nueva situación de equilibrio como estrella estable, al compensarse la fuerza gravitatoria con la fuerza derivada de la presión interna originada por el calentamiento de la materia debido a las reacciones de fisión.

Las características fundamentales de una estrella dependen de sus propiedades, principalmente la masa, la temperatura y la luminosidad, clasificándose normalmente en base a su tamaño y color. El tamaño de las estrellas está comprendido en un rango que va desde las supergigantes, que pueden llegar a tener diámetros 400 veces mayores que el Sol, hasta las enanas blancas, que pueden ser 100 veces menores que el Sol. El color de una estrella viene dado por su temperatura superficial, que suele variar entre los 3.000 grados de las más frías (estrellas rojas) y los 50.000 grados de las más calientes (estrellas azules). El Sol es una estrella relativamente pequeña, con un gradiente de temperatura que va de los 6.000 grados en la superficie hasta los 15 millones de grados en el núcleo.

Siembra de átomos en el espacio

El ciclo medio de vida de las estrellas suele durar en la mayoría de los casos unos miles de millones de años (en torno a 10), acabando cuando se ha consumido la materia que constituye el combustible de las reacciones nucleares. Las estrellas pequeñas con masas del orden de magnitud del Sol, finalizan sus ciclos de vida cuando se agota todo su hidrógeno. Cuanto más masiva sea una estrella, mayor presión ejercen las capas externas sobre el núcleo, lo que hace que los valores de las temperaturas alcanzadas en la estrella sean también más elevados. La temperatura del núcleo de una estrella cuatro veces más masiva que el Sol puede llegar hasta 600 millones de grados, valor suficiente para que, una vez consumido el hidrógeno, comience a fusionar el helio y, posteriormente, el siguiente elemento de la cadena, el carbono.

Cuando una estrella ligera (hasta 6 masas solares) finaliza su ciclo de vida al agotarse el combustible disponible, sea hidrógeno o hidrógeno y helio, su superficie se enfría y por razones de estabilidad su tamaño aumenta hasta alcanzar un diámetro cientos de veces mayor que el que tenía como estrella, convirtiéndose en lo que se denomina una gigante roja. Si después de un periodo no muy largo como gigante roja no se dan las condiciones para seguir con las reacciones de fusión, comienza un proceso de contracción que hace que se reduzca su tamaño hasta transformarse en una enana blanca; ya sin combustible que quemar, la estrella se enfría y se apaga. Las estrellas más masivas (entre 6 y 30 veces la masa del Sol), una vez agotado el combustible se despresurizan internamente al caer la temperatura, actuando rápida y violentamente la atracción gravitacional debida a su elevada masa, lo que vuelve a crear en su interior presiones muy altas que causan todo tipo de reacciones nucleares posibles, liberándose una gran cantidad de neutrones y energía, en un proceso que da lugar a una explosión muy violenta que se conoce como supernova II, cuyos restos suelen acabar formando una estrella de neutrones. En las estrellas supermasivas de más de 30 veces la masa solar, el proceso es similar al anterior hasta llegar a la fase de formación de una estrella de neutrones, si bien su núcleo continúa colapsándose pudiendo originar un agujero negro.

En las explosiones supernovas se alcanzan enormes temperaturas y presiones en los núcleos de las estrellas, que favorecen la síntesis de los elementos químicos más pesados del sistema periódico.

☛ **La explosión de una estrella al finalizar su ciclo de vida, libera en el espacio interestelar todos los elementos cocinados en el interior de la misma, que se incorporan a las nubes de gases. La disposición de dichos elementos químicos en la materia que forma las nuevas estrellas es fundamental para que, en los procesos de transformación de átomos que tienen lugar en las sucesivas generaciones de estrellas, se fabriquen elementos cada vez más pesados.**

Mecanismos de formación de átomos pesados

El proceso general de fabricación de nuevos elementos químicos en el interior de las estrellas a partir de átomos de hidrógeno y helio, basado en una variedad de reacciones nucleares que pueden tener lugar en el amplio rango de condiciones que se dan en las estrellas, se conoce como *nucleosíntesis estelar*. Como resultado de la misma, los núcleos de átomos de elementos ligeros que constituyen la materia original de las estrellas, se transforman en átomos de elementos más pesados. Al finalizar los ciclos de vida de las estrellas, los restos de las mismas siembran el universo de nuevos elementos que van llenando las casillas superiores de la Tabla Periódica, que se encontraban vacías antes de la muerte de las primeras generaciones de estrellas.

En la síntesis de cada uno de los elementos pesados suelen concurrir más de un tipo de proceso nuclear, aunque como regla general los elementos más ligeros que el elemento número 26 (hierro) se originan mayormente por *reacciones de fusión*. Por ejemplo, en una estrella de 25 masas solares los procesos de fusión comienzan a una temperatura de 37 millones de grados a partir del elemento más ligero disponible, el hidrógeno, que fusiona formando el helio. El helio formado se va concentrando en el núcleo de la estrella, que va aumentando su densidad y temperatura hasta que esta última alcanza valores de 180 millones de grados, dando comienzo la fusión del helio para formar sucesivamente carbono y oxígeno. Los elementos más pesados que se forman, se sitúan en las capas más internas de la estrella, haciendo que su temperatura continúe aumentando, factor que propicia el inicio de nuevos procesos de fusión de los elementos formados, dando lugar sucesivamente a átomos de neón, oxígeno y silicio. La última reacción de fusión posible es la formación del hierro a partir del silicio, que tiene lugar a 3.400 millones de grados. La razón del límite de las reacciones de fusión que establece el átomo de hierro, es que los enlaces entre los protones y neutrones que forman su núcleo son los más fuertes de todos los elementos del sistema periódico. Para fabricar elementos por encima del hierro mediante reacciones de fusión se necesitaría aportar mayor cantidad de energía de la que se produce, situación que no es sostenible; por esta razón, los elementos más pesados que el hierro se sintetizan mediante mecanismos distintos de la fusión nuclear.

Los elementos fabricados en las estrellas por reacciones de fusión, se van situando en sucesivas capas concéntricas como las de una cebolla, colocándose los más pesados más cerca del núcleo mientras que los más ligeros se sitúan en las capas periféricas. Según se van aproximando al hierro, los elementos al fusionarse producen cada vez menos energía y su ciclo de quemado es más corto. En el ejemplo de la estrella anterior, la fusión del hidrógeno para formar helio dura más de 7.000 millones de años, mientras que la fusión del silicio para formar hierro se completa en 1,5 días.

Una gran parte de los elementos más pesados que el hierro se sintetizan en las estrellas mediante otro mecanismo denominado *captura neutrónica*, diferente al de fusión nuclear. Dicho mecanismo es propio de estrellas de masa relativamente elevada, en las que la gravedad juega un papel importante al hacer que se alcancen mayores valores de presión y temperatura en sus capas internas. Existen dos procesos de captura neutrónica, dependiendo de la menor o mayor velocidad (energía) que posean los neutrones que intervienen en las mismas, que pueden ser lentos (*procesos s*) o rápidos (*procesos r*). Los neutrones lentos se pueden originar como subproductos de las reacciones nucleares de fusión que tienen lugar en el interior de las estrellas, mientras que los neutrones rápidos se generan en las explosiones supernovas, que son muy violentas. Los *procesos s y r* son responsables, más o menos a partes iguales, de la síntesis por captura neutrónica de los elementos más pesados que el hierro, siendo procesos mucho más rápidos que las reacciones de fusión.

Otro factor a considerar en la fabricación de elementos pesados es el hecho que la estrella en cuestión sea o no de primera generación; en caso que lo sea, estaría formada a partir de nubes de gases compuestas únicamente por los dos elementos primigenios, hidrógeno y helio, que tienen menos posibilidades para la fabricación de elementos más allá del carbono u oxígeno. Por el contrario, las estrellas que disponen ya de elementos más pesados que el helio en su composición de partida, producto de estrellas ya muertas que han dejado sus componentes finales en el espacio interestelar, tienen mayores posibilidades de sintetizar elementos más pesados.

Mecanismos de formación de átomos en las estrellas

En las estrellas se fabrican los átomos *mayores* que el hidrógeno y el helio, mediante reacciones nucleares que consisten en añadir protones y neutrones a los núcleos de los átomos que se van formando. Cada átomo formado posee 1 protón y 1 o 2 neutrones más que el átomo del elemento precedente del sistema periódico, hasta llegar al mayor átomo estable, el isótopo 238 del uranio, que contiene 92 protones y 146 neutrones.

Este proceso de *llenado* de los núcleos atómicos con protones y neutrones puede tener lugar principalmente mediante dos mecanismos:

1) El primero es la *fusión nuclear*, que es la reacción nuclear que pone en marcha a todas las estrellas. Consiste en la unión de núcleos de dos átomos pequeños (inicialmente de hidrógeno), para formar el núcleo de un átomo mayor. Los núcleos mayores que se van formando en la propia estrella, participan también en la cadena de reacciones posteriores de fusión.

Ejemplo:
helio (2p, 2n)[45] *+ carbono (6p, 6n) = oxígeno (8p, 8n)*

Tiene lugar en todas las estrellas, y cuanto mayor es su tamaño, más elevadas son las posibilidades de formar elementos más pesados, hasta llegar al hierro.

2) El segundo es la *captura neutrónica*, que tiene lugar cuando el núcleo de un átomo de número atómico n recibe el impacto de un neutrón, sin que lleguen a romperse el núcleo, convirtiéndose en un átomo del elemento de número atómico n+1.

   Esta transformación tiene lugar en el interior del núcleo receptor, donde el neutrón capturado (sin carga eléctrica) se transforma en dos partículas: un protón (con una carga positiva) y un electrón (con una carga negativa). Tras la expulsión del electrón, el núcleo receptor dispone de un protón adicional, convirtiéndose en el elemento químico inmediatamente superior[46] del sistema periódico.

   En estrellas relativamente grandes, los *procesos s* (neutrones lentos) se suponen son el mecanismo dominante en la formación de los elementos comprendidos entre el hierro y el wolframio (número 74). Los *procesos r* (neutrones rápidos), que tienen lugar en explosiones de supernova, actúan durante periodos muy cortos, del orden de minutos, constituyendo el mecanismo principal en la formación de los elementos más pesados del sistema periódico.

3) Formación de átomos intermedios, mediante mecanismos que dan lugar a la fabricación de átomos más ligeros a partir de átomos muy pesados, inversos a los dos mecanismos ya mencionados.

---

[45] «P» es el número de protones y «n» el de neutrones.

[46] El número de protones es la seña de identidad de un elemento químico.

3.1) *Fragmentación* de átomos pesados, para formar núcleos de elementos más pequeños:

- La *espalación* cuando la rotura de los núcleos atómicos pesados se debe a los rayos cósmicos[47]. Se supone que es el mecanismo principal de fabricación de átomos de los tres elementos que siguen a los primigenios –litio (número atómico 3), berilio (4) y boro (5)– cuyos núcleos no están entre los más estables, sintetizándose en cantidades marginales en las estrellas.
- La *fotodesintegración* tras el impacto de fotones muy energéticos a núcleos de elementos pesados.
- La *fisión* por el impacto de neutrones rápidos.

3.2) *Desintegración radiactiva* de elementos pesados inestables, proceso opuesto al de captura neutrónica. Los átomos de dichos elementos se estabilizan emitiendo espontáneamente partículas subatómicas (neutrones y partículas alfa[48], entre otras), junto con radiación electromagnética (rayos gamma), transformándose en elementos más ligeros, que a su vez pueden continuar desintegrándose. La cadena suele acabar en un elemento estable como el plomo, siendo la explicación más probable de la notable mayor abundancia de átomos de plomo (número atómico 82), en comparación con los elementos más próximos al mismo.

---

[47] Partículas subatómicas del espacio que se mueven a velocidades próximas a la de la luz.

[48] Núcleos de helio, compuestos por dos protones y dos neutrones.

La nucleosíntesis que tiene lugar en las estrellas transcurre en condiciones muy diferentes de las dieron durante la nucleosíntesis primigenia, proceso que duró unos pocos minutos para originar la cuarta parte de la materia del universo en forma de núcleos de helio, a partir de protones y núcleos de deuterio. En las estrellas se transforman cantidades de materia menores, durante periodos de tiempo mucho más largos (miles de millones de años).

☛ **En las condiciones de las estrellas pueden tener lugar una gran variedad de reacciones nucleares, en las que la interacción gravitatoria juega también un papel importante, dando como resultado la síntesis de los 90 elementos naturales más pesados del sistema periódico.**

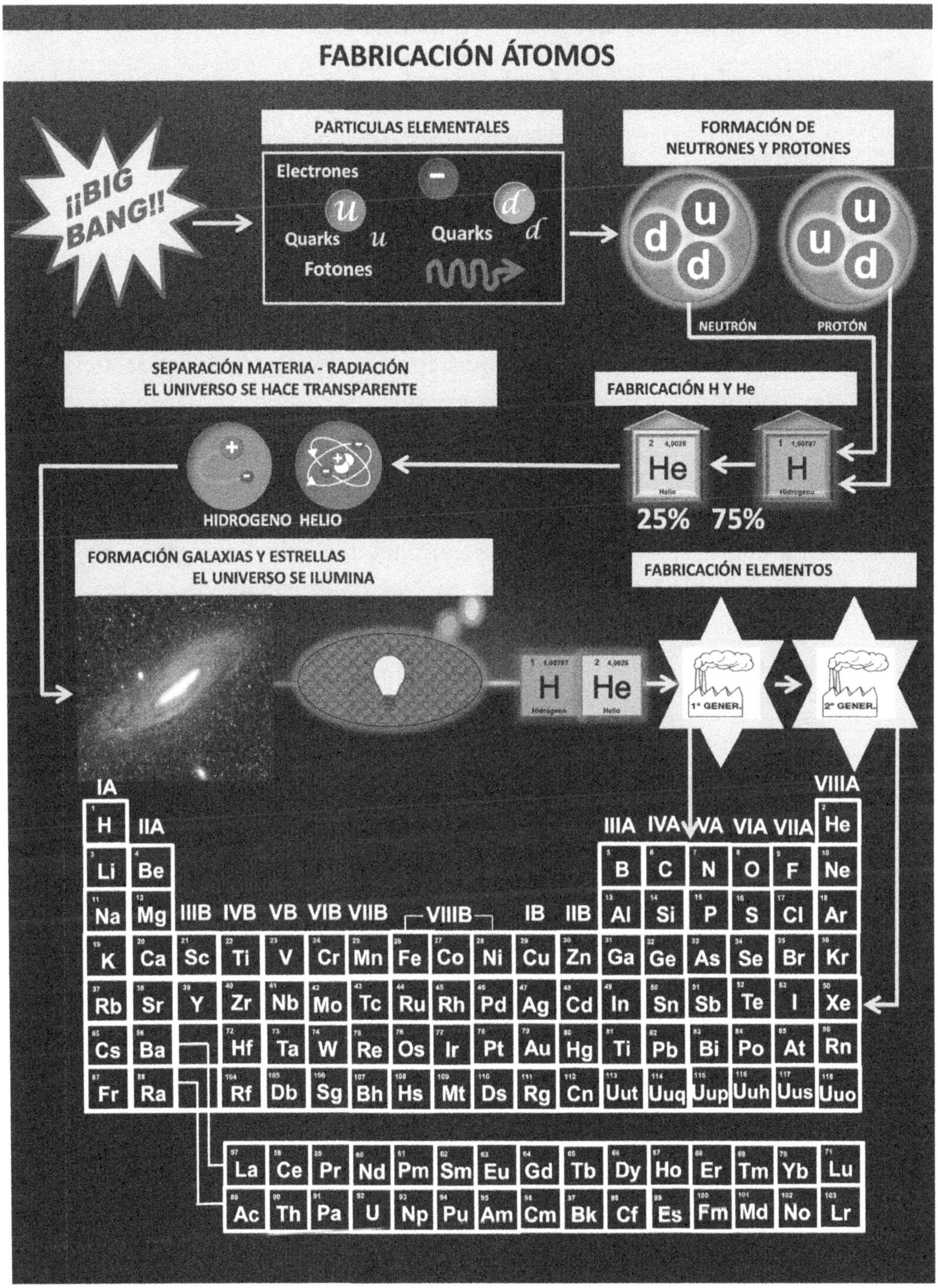
FABRICACIÓN ÁTOMOS
¡¡BIG BANG!!
PARTICULAS ELEMENTALES
Electrones
Quarks u
Quarks d
Fotones
FORMACIÓN DE NEUTRONES Y PROTONES
NEUTRÓN
PROTÓN
SEPARACIÓN MATERIA - RADIACIÓN
EL UNIVERSO SE HACE TRANSPARENTE
FABRICACIÓN H Y He
He
H
25% 75%
HIDROGENO HELIO
FORMACIÓN GALAXIAS Y ESTRELLAS
EL UNIVERSO SE ILUMINA
FABRICACIÓN ELEMENTOS
H Hidrogeno
He Helio
1ª GENER.
2ª GENER.
IA IIA IIIB IVB VB VIB VIIB VIIIB IB IIB IIIA IVA VA VIA VIIA VIIIA
H He
Li Be B C N O F Ne
Na Mg Al Si P S Cl Ar
K Ca Sc Ti V Cr Mn Fe Co Ni Cu Zn Ga Ge As Se Br Kr
Rb Sr Y Zr Nb Mo Tc Ru Rh Pd Ag Cd In Sn Sb Te I Xe
Cs Ba Hf Ta W Re Os Ir Pt Au Hg Tl Pb Bi Po At Rn
Fr Ra Rf Db Sg Bh Hs Mt Ds Rg Cn Uut Uuq Uup Uuh Uus Uuo
La Ce Pr Nd Pm Sm Eu Gd Tb Dy Ho Er Tm Yb Lu
Ac Th Pa U Np Pu Am Cm Bk Cf Es Fm Md No Lr

Abundancia de elementos químicos

Cuanto más pequeño, más abundante

A pesar de las transformaciones que han tenido y siguen teniendo lugar desde hace 13.000 Ma en las estrellas, a lo largo de ese enorme periodo de tiempo la composición de la materia del universo no ha variado sustancialmente respecto a la que existía tras el Big Bang, que estaba compuesta únicamente por hidrógeno y helio. Actualmente los elementos químicos más pesados que el helio, originados en un gran número de estrellas ya desaparecidas, constituyen aproximadamente un 2 % de la masa bariónica del universo. El porcentaje másico de los dos elementos primigenios, que antes de la existencia de estrellas constituían la totalidad la materia visible del universo (75 % hidrógeno, 25 % helio), actualmente constituye *solamente* un del 98 % de dicha materia.

En la bibliografía consultada no queda claro cuál de los dos elementos primigenios *paga la factura* de la formación de los nuevos elementos en las estrellas. El hidrógeno natural es el combustible por excelencia de las estrellas, al ser el primero y frecuentemente el único átomo que fusiona. El helio tiene un doble papel, resultando el producto de la fusión del hidrógeno (se genera), para más tarde fusionarse (desaparece) formando normalmente carbono. En base a estos hechos, parece más justificada una disminución más acentuada del hidrógeno que del helio.

☛ **En lo que respecta a los elementos formados en las estrellas, las proporciones relativas de elementos pesados disminuyen de forma exponencial según aumenta su número atómico [cuanto mayor número atómico tiene un elemento, su abundancia es menor], tendencia que se mantiene hasta aproximadamente el elemento número 60, a partir del cual**

las proporciones de los elementos restantes, que son muy bajas, se considera que tienen valores muy parecidos.

Esta tendencia se justifica por el hecho de que la síntesis de los elementos más ligeros, los más próximos al hidrógeno y al helio, como son el carbono, el oxígeno o el nitrógeno, tiene lugar mayoritariamente por reacciones de fusión que, en mayor o menor medida, ocurren en todas las estrellas, independientemente de lo masivas que puedan ser, aunque también pueden originarse por alguno de los otros mecanismos mencionados. La fabricación de los elementos más pesados que el hierro necesita condiciones más drásticas y mayores aportes de energía, condiciones que solamente son posibles en estrellas muy masivas.

Existen notables excepciones a esta tendencia general, debidas principalmente a razones de estabilidad de los núcleos. En este sentido, los tres elementos siguientes a los dos primordiales, litio (número 3), berilio (número 4) y boro (número 5), muestran una abundancia muy baja, en comparación con los elementos de la tabla periódica más próximos a ellos.

☛ **Otro hecho constatado es que los elementos de número atómico par son marcadamente más abundantes que sus vecinos de número atómico impar, circunstancia que apunta a la tendencia de la naturaleza a las formaciones simétricas.**

Finalmente, resulta razonable que exista un pico de abundancia en los elementos próximos al hierro, debido a la mayor fortaleza de los enlaces entre partículas que componen los núcleos de dichos elementos, respecto al resto de elementos químicos.

Los diez elementos de mayor abundancia

Elemento	Símbolo	Numero atómico	Porcentaje másico (%)	Naturaleza	Estado*/ (° C)**
Hidrógeno	H	1	73		Gas / (- 253)
Helio	He	2	25	Gas noble	Gas / (- 269)
Oxígeno	O	8	1	No metal	Gas / (- 183)
Carbono	C	6	0,46	No metal	Sólido
Neón	Ne	10	0,13	Gas noble	Gas / (- 246)
Hierro	Fe	26	0,11	Metal	Sólido
Nitrógeno	N	7	0,10	No metal	Gas / (- 196)
Silicio	Si	14	0,07	Semimetal	Sólido
Magnesio	Mg	12	0,06	Metal	Sólido
Azufre	S	16	0,05	No metal	Sólido

* Estado físico / ** Temperatura de ebullición (ambos en las condiciones de la Tierra)

En la tabla se indican los porcentajes másicos, junto a otras características, de los diez elementos más abundantes de la materia visible del universo, constituyendo una muestra representativa que confirma las tendencias generales expuestas en el apartado anterior. Así, la abundancia relativa es mayor en los elementos

- más ligeros, encontrándose estos 10 elementos entre los 16 primeros del sistema periódico, con la excepción del hierro (numero 26), por razones ya apuntadas.
- de número atómico par, con la excepción por razones obvias del hidrógeno (número 1), y la del nitrógeno (numero 7) al ser un elemento intermedio en varias cadenas de síntesis. El único elemento de número par ausente

entre los diez primeros es el berilio (número 4), también por causas también mencionadas.

En la tabla únicamente aparecen dos metales (hierro y magnesio) y un metaloide (silicio), escasa representación comparada con la apabullante mayoría de elementos que existen en el sistema periódico bajo la denominación general de *metales*.

Descartando los 2 gases nobles (helio y neón) que son inertes químicamente, los 4 elementos no metálicos (oxígeno, carbono, nitrógeno y azufre), junto con el hidrógeno, componen el grupo de elementos que sustentan las transformaciones de la materia de los seres vivos en la Tierra.

Cinco de los siete elementos más abundantes del universo (hidrógeno, helio, oxígeno, neón y nitrógeno) son gases de elevada volatilidad, en las condiciones de la Tierra. Tres de los elementos gaseosos –hidrógeno, oxígeno y nitrógeno– junto con los cinco elementos sólidos –carbono, hierro, silicio, magnesio y azufre– son los componentes fundamentales de la materia inorgánica de la Tierra.

El *hidrógeno* es un elemento singular, siendo la primera materia estable que se formó en el universo. De este elemento derivan, mediante reacciones nucleares, el resto de elementos químicos. Es el más ligero de los átomos, estando el núcleo de la forma natural del hidrógeno –el isótopo llamado protio– constituido por la partícula más estable que existe, el protón, que es la forma material largamente mayoritaria de la materia visible o bariónica del universo. Tiene un papel esencial en las transformaciones de la materia, tanto en las reacciones nucleares de las estrellas, donde constituye el combustible primero y principal de las reacciones de fusión, como en las reacciones químicas que pueden tener lugar en el espacio y en planetas rocosos del tipo de la Tierra, donde es un componente primordial de la materia de los seres vivos. Junto con el oxígeno forma el agua[49], compuesto de importancia capital en las transformaciones de la materia.

El *helio* tiene una gran importancia en las reacciones nucleares de las estrellas, debido a ser un repositorio de los neutrones originados en el Big Bang, facilitando la formación de elementos pesados por reacciones nucleares de fusión. Contrariamente a su importante papel en las estrellas, el helio es un elemento químicamente inerte debido a su naturaleza de gas noble. Coherentemente con estas características, mientras la abundancia de helio es elevada en las estrellas y en las nubes interestelares de gases, su presencia en planetas como la Tierra es prácticamente nula, debido a no formar compuestos y a la enorme volatilidad del átomo de helio.

El *oxígeno* es el elemento más abundante entre todos los que se fabrican en las estrellas. En forma molecular es un gas muy reactivo que puede combinarse prácticamente con todos los demás elementos químicos, dando lugar a compuestos como los óxidos, hidróxidos ácidos y sales, además de intervenir en menor proporción, aunque de manera importante, en una gran variedad de compuestos que forman los seres vivos de la Tierra. También es el componente másico mayoritario del agua, ocho veces más que el hidrógeno, aunque éste último aporta el doble número de átomos. No le faltan méritos a esta especie de *perejil* de la química para ocupar la tercera posición de la abundancia, inmediatamente detrás de los dos elementos primigenios.

El *carbono* es el elemento sólido más abundante del universo y quizás el que presenta conductas más dispares. Es el elemento que establece la separación, algo difusa, entre la química orgánica (carbono sí) y la inorgánica (carbono no), estando en la base de los compuestos que forman los seres vivos, debido a su gran versatilidad a la hora de combinarse consigo mismo y con otros ele-

[49] Etimológicamente hidrógeno significa «generador de agua».

mentos ligeros. Una demostración de dicha versatilidad se pone de manifiesto en el hecho de que compuestos formados exclusivamente por carbono pueden estar entre los de mayor dureza que existen en la Tierra (el diamante) o entre los más blandos (el grafito), dependiendo de las diferentes maneras de enlazarse sus átomos. Además, forma compuestos inorgánicos importantes en planetas rocosos, como son los carbonatos que componen las rocas o los óxidos de carbono que abundan en el espacio y en la atmósfera de los planetas.

El *nitrógeno* es un gas poco reactivo que, junto con el oxígeno, compone la atmósfera terrestre en una proporción volumétrica cuatro veces mayor que éste último. También forma parte de compuestos importantes de la Tierra, bien de tipo inorgánico como los nitratos, como de algunos compuestos biológicos fundamentales para los seres vivos.

De los cuatro elementos sólidos restantes, el hierro y el silicio constituyen, junto con el oxígeno, los componentes mayoritarios de la materia de planetas rocosos como la Tierra. El magnesio es un metal más ligero que el hierro, aunque de características químicas parecidas. Por último, el azufre forma compuestos como los sulfatos y los sulfuros, relativamente abundantes en los planetas.

La materia transformada en las estrellas

Átomos transmutados

A diferencia de los procesos que tuvieron lugar tras el Big Bang, que duraron menos de media hora y que originaron toda la materia bariónica del universo, en el incontable número de estrellas que han completado su ciclo de vida durante miles de millones de años, se ha transformado una exigua proporción de la materia visible, en torno al 2 % de la masa originalmente formada, si bien las estrellas, que son las fabricas de los átomos pesados, continúan en producción. La materia del universo actual está compuesta mayoritariamente por protones libres o por átomos de hidrógeno, en una proporción que continúa siendo casi de 12 átomos de hidrógeno por cada 1 de helio, muy similar a la que existía originalmente. El 2 % másico de elementos formados en las estrellas tienen un impacto en número de átomos muy bajo, si se considera que estadísticamente en el universo se puede encontrar un átomo formado en las estrellas, muy probablemente de oxígeno o carbono, por al menos cada 2.000 átomos primigenios. Pero al margen de consideraciones cuantitativas, como consecuencia de la actividad de las estrellas la materia bariónica se ha diversificado y se ha hecho más compleja, pasando de una situación inicial en la que existían únicamente dos clases de elementos (hidrógeno y helio), a los 92 que existen en la Tierra.

Los átomos son la forma fundamental de la materia visible, de manera que la disponibilidad de átomos fabricados en las estrellas fertiliza la materia de un universo que sería estéril si únicamente existiese hidrógeno y helio, abriendo el abanico de posibilidades en lo que respecta a continuar con las transformaciones evolutivas. Las formas de la materia más complejas que los átomos son los compuestos y las moléculas, que resultan de la unión de dos o más átomos mediante reacciones químicas. Anteriormente a la formación de átomos pesados solamente existían unos pocos compuestos hidrógeno, esencialmente la molécula de dicho elemento (compuesta por dos átomos) así como otros de tipo iónico o radical. Tras el paso de una pequeña parte de la materia por las estrellas, los compuestos formados a partir de los átomos fabricados en las mismas forman toda la materia que podemos observar a nuestro alrededor, llegando a contarse por millones los compuestos y moléculas existentes.

Las nubes gaseosas de la Vía Láctea que hace alrededor de 5.000 Ma comenzaron a formar el sistema solar, ya disponían de átomos pesados, circunstancia determinante para que se formasen los planetas que orbitan alrededor del Sol, de manera que al menos en uno de ellos, la Tierra, se abrió una novedosa vía de transformación de la materia, que culminó con la formación de moléculas de elevada complejidad, responsables de la emergencia de seres vivos.

☛ **Tras unos miles de millones de años en que la totalidad de la materia visible del universo, formada durante el Big Bang, había estado ubicada exclusivamente en las dos primeras casillas de la Tabla Periódica, las transformaciones de la materia en las estrellas han hecho que un 2 % de la materia visible se haya diversificado, llenando las 92 casillas de elementos que existen naturalmente. La parte de la materia visible transformada en los procesos que tienen lugar en las estrellas, que se pueden calificar como *evolución nuclear*, fertiliza la materia primigenia que por sí sola era estéril para continuar con los procesos de transformación.**

Polvo de estrellas, con algún matiz

La conocida frase atribuida a Carl Sagan de que somos polvo de estrellas, tiene una indudable belleza poética y un fundamento científico. Se basa en el hecho de que con excepción de los átomos de hidrógeno que se formaron en el Big Bang[50] hace 13.800 Ma, el resto de átomos que componen el mundo visible y los seres vivos, comenzaron a fabricarse en las estrellas unos miles de millones de años más tarde. Si no se hubiesen formado los átomos pesados y dado el carácter inerte del helio para combinarse con otros elementos y formar compuestos, las escasas for-

[50] El átomo de helio no forma parte de los seres vivos, ni se combina con átomos de otros elementos.

mas químicas posibles del hidrógeno (átomos, moléculas, iones o radicales), serían insuficientes para formar la materia visible que conocemos.

No se puede afirmar de manera rotunda que estamos compuestos mayoritariamente por átomos más pesados que el hidrógeno, a pesar que el 90 % de la masa de nuestro cuerpo sean átomos de elementos químicos formados en las estrellas, y únicamente el 10 % restante corresponda a los átomos de hidrógeno, que no tienen origen estelar. En una persona de 80 kg de peso, 8 kg son de hidrógeno, mientras que los otros 72 kg corresponden a la masa del resto de elementos que se han formado en las estrellas. A la vista de estas cifras parece innegable que somos hijos *másicos* de las estrellas, pero la perspectiva se matiza si en lugar de masa se utilizan porcentajes de átomos. Además del hidrógeno se puede suponer, sin mucho error a efectos de cálculo, que la práctica totalidad del resto de átomos que forman los seres humanos son carbono, oxígeno y nitrógeno[51]. Como la masa atómica del hidrógeno es 1 por definición, mientras que las de los otros tres elementos son 12, 16 y 14, respectivamente, si se considera una masa media de 14 unidades para esos átomos formados en las estrellas, un sencillo cálculo de transformación de los porcentajes másicos en porcentajes de átomos da como resultado que más del 60 % de los átomos del cuerpo humano son de hidrógeno, habiéndose por tanto formado en las estrellas únicamente un número de átomos menor del 40 % del total que componen el ser humano. Esta cifra podría hacer dudar sobre la paternidad (o maternidad) estelar de los seres humanos, y de los organismos vivos en general, sugiriendo que somos más bien hijos «atómicos» del Big Bang, donde se originaron la mayor parte

---

[51] Estos tres elementos, junto con el hidrógeno, constituyen más del 96 % del peso humano. El porcentaje másico del siguiente elemento en importancia, el calcio, es menor del 0,5 %.

de los átomos de nuestro cuerpo, que son de hidrógeno. Pero el argumento definitivo a favor de la célebre frase es más bien de carácter cualitativo, puesto que, con excepción del hidrógeno, el resto de los elementos, que componen el cuerpo humano[52] y sin cuya participación hubiera sido imposible la formación de compuestos químicos complejos, han sido fabricados en las estrellas,

A lo largo del presente manual se compara recurrentemente valores de proporciones de hidrógeno frente a otros elementos químicos más pesados. Las diferencias sustanciales que, como en el caso expuesto, se encuentran al comparar porcentajes másicos frente a porcentajes de número de átomos, se debe a la importante diferencia entre la masa del átomo de hidrógeno (1 unidad), respecto a las de los átomos de los elementos más pesados. El caso extremo es el del átomo de uranio, el más pesado que existe en la Tierra, cuya masa es 238 veces mayor que la del hidrógeno: en una mezcla de 238 átomos de hidrógeno y 1 átomo de uranio, la proporción de este último elemento sería del 50 % expresada en masa, mientras que en número de átomos sería menor del 0,42 %.

[52] Alrededor de 60 elementos químicos diferentes, 12 de los cuales se encuentran en mayores proporciones.

V)

Transformaciones y otros fenómenos en el espacio

Las primeras moléculas

La química comenzó a actuar en el universo 400.000 años después del Big Bang, cuando se completó el desacoplamiento de la materia y la energía. Los primeros compuestos químicos que se formaron fueron las moléculas de hidrógeno, constituidas por dos átomos del citado elemento (H_2), que junto a otras formas iónicas de la misma familia, como es el caso del hidrógeno molecular protonado (H_3+), fueron las únicas moléculas que habitaron el espacio durante cientos de millones de año, ante la esterilidad química del helio y la ausencia de otros elementos químicos, que todavía no se habían formado en las estrellas. La existencia de una parte importante de la materia en forma de plasma, da lugar a que en el mismo se encuentre frecuentemente compuestos en forma iónica e incluso de radicales libres[53].

Cuando en el espacio comenzaron a descargarse átomos de elementos pesados, tras la muerte de las primeras generaciones de estrellas, el universo ya era un lugar mayormente vacío y frio, poco propicio para las reacciones químicas, debido a su continua expansión y enfriamiento. En el espacio interestelar no existe una temperatura uniforme, circunstancia que en parte depende de la densidad de materia que exista en el mismo, teniendo en la actualidad un valor medio en torno a 3 kelvin (270º C negativos). De la misma manera, el espacio tampoco es homogéneo respecto al contenido de materia, pudiendo existir zonas con una partícula (probablemente un protón) por centímetro cubico, equivalente a un insecto en una gran ciudad. Por lo tanto, de una manera general se puede concluir que las condiciones del espacio no son las más favorables para que las partículas se encuentren y reaccionen formando compuestos, a lo que hay que añadir que las reacciones químicas suelen necesitar también una pequeña ayuda energética[54] inicial para que puedan iniciarse.

Pero la falta de uniformidad del medio interestelar hace suponer también la existencia de zonas de mayor densidad de materia y de puntos calientes, además de la energía que puede llegar a dichas zonas mediante la radiación de la luz de las estrellas o los rayos cósmicos. Un factor también importante para la formación de moléculas, es la presencia de polvo interestelar, compuesto por pequeños granos que contienen *silicato*s y algunos *metales*. Estas partículas sólidas de polvo son una especie de banderín de enganche de moléculas solitarias que puedan deambular por el espacio, siendo el núcleo de crecimiento de material rocoso,

---

[53] Átomos o grupos se átomos que contienen electrones desapareados, por lo que son muy reactivos.

[54] Llamada energía de activación.

que puede llegar a constituir estructuras sólidas de dimensiones cada vez mayores, hasta formar meteoritos, cometas, satélites y planetas. El caso es que el proceso de formación de compuestos moleculares comenzó a animarse, cuando las primeras supernovas liberaron en el espacio metales pesados que actuaron a modo de catalizadores[55]. Todos estos factores atenuaban el panorama, *a priori* desfavorable para que tuviesen lugar reacciones químicas, necesarias para la formación de moléculas en el medio interestelar.

En el año 1937 se descubrió la primera molécula en las nubes de gases espaciales, que era un radical de carbono e hidrógeno[56], habiéndose identificado desde entonces más de 200 compuestos diferentes. Los más simples están formados por *dos o tres átomos*, en su mayoría de naturaleza inorgánica, destacando entre ellos las moléculas de agua, nitrógeno, dióxido de carbono, ácido sulfhídrico, hidróxido sódico, cloruro sódico o ácido cianhídrico, así como compuestos de metales como aluminio, hierro, potasio, magnesio o titanio. Los compuestos de *cuatro o más átomos*, hasta llegar a los 12 átomos del benceno (C_6H_6), que está entre las moléculas mayores del espacio, son compuestos orgánicos formados principalmente por los cuatro elementos básicos que componen los seres vivos (carbono, hidrógeno, oxígeno y nitrógeno). En el año 2010 la NASA confirmó la existencia en el espacio de fullerenos[57], habiéndose identificado dos de ellos formados por 60 y 70 átomos de carbono, denominados C_{60} y C_{70}, respectivamente. El carbono es el elemento que mayor participación tiene en los compuestos formados en el espacio

En relación a la abundancia de moléculas formadas en el espacio, resulta evidente que el *hidrógeno* molecular es con diferencia

---

[55] Sustancia que hace que la velocidad de una reacción química sea más rápida, sin intervenir en ella.

[56] Metilidina (CH·).

[57] Compuestos únicamente de carbono.

la más abundante. El hidrógeno puede encontrarse en tres formas posibles en las nubes interestelares: atómica, ionizada o molecular, estados que en la jerga astronómica se identifican como H I, H II y H_2, respectivamente. En las regiones de mayor densidad de materia, donde los átomos están más próximos y pueden existir nubes de granos de polvo formadas por elementos más pesados, se forman nubes de hidrógeno molecular. En zonas con mayor dilución de los gases, este elemento suele estar en forma atómica, pues los átomos difícilmente llegan a entrar en contacto de manera efectiva para formar moléculas. El hidrógeno ionizado se origina a partir de las nubes moleculares, que al colapsar y calentarse pueden dar lugar a fenómenos de ionización de las moléculas. El *hidrógeno molecular protonado* (H_3+), compuesto por una molécula de hidrógeno ionizada por la absorción de un protón extra, es la segunda molécula más abundante del universo.

En el ranking de la abundancia de moléculas formadas en el espacio, tras los compuestos de la familia del hidrógeno se sitúan los óxidos de carbono, principalmente el *monóxido de carbono* cuya síntesis en el medio interestelar es relativamente sencilla, si se compara con otros compuestos como puede ser el *agua*, que es el siguiente en abundancia a pesar de que su formación en las condiciones existentes en el espacio resulta más complicada. Como es previsible, el compuesto más sencillo formado por hidrógeno y carbono, el *metano* (CH_4) está también entre los más abundantes, al igual que el compuesto formado por hidrógeno y nitrógeno, el *amoniaco* (NH_3), aunque este último se sitúa en posiciones más bajas.

☛ **Las nubes gaseosas que formaron el sistema solar, además de los dos elementos primigenios, ya contenían la práctica totalidad de elementos formados en estrellas ya desaparecidas, junto con un número reducido de compuestos sencillos formados por un máximo de una docena de átomos.**

Dicha materia dio lugar a la formación de una estrella [el Sol] así como de los planetas y satélites que forman el sistema solar, como la Tierra y la Luna.

El lado oscuro del universo

Materia oscura

Desde 1933 se tiene constancia de la existencia en el universo de sustancias o cuerpos masivos que no emiten ni absorben luz, no siendo por tanto visibles. A esta conclusión se llegó por mediciones astronómicas en las órbitas de determinadas galaxias, ya que las velocidades relativas entre ellas no se correspondían con la atracción gravitatoria de las masas implicadas, magnitudes ambas (masa y velocidad) que deben tener determinados valores relativos para que las estructuras masivas se mantengan en equilibrio, sin que se produzca el colapso gravitatorio de unas con otras o se alejen dejando de orbitar entre ellas. Los cálculos demostraban que debía existir una importante cantidad de materia adicional que por razones desconocidas no era visible, habiéndose denominado por esta causa como *materia oscura*. El nombre se corresponde con una particularidad del fenómeno, aunque no ofrezca ninguna pista sobre su composición, que presenta bastantes incógnitas.

Ya en la década de 1970, nuevas medidas realizadas sobre la rotación de galaxias espirales respecto a su distancia al centro galáctico, así como sobre la desviación de la luz emitida en ciertas estrellas, al adaptarse a la distorsión del espacio-tiempo debido a la materia (en cantidad sensiblemente menor a la que justificaría dicha distorsión), confirmaron que la cantidad de la materia no visible era al menos 5 veces mayor que la materia ordinaria visible.

En un principio se supuso que la materia oscura era un tipo de materia ordinaria, que por razones desconocidas no era luminosa, pero esta hipótesis se desechó ya que, de acuerdo con modelos y cálculos realizados posteriormente, la cantidad de materia bariónica coincide de manera muy aproximada con la cantidad de materia visible existente; de ahí que se calificase también como *exótica* este otro tipo de materia descubierta que no era visible, suponiéndose que no está formada por las mismas partículas de la materia ordinaria, lo que significa que no contiene protones ni neutrones y, consecuentemente, no debe estar compuesta por átomos. En base a mediciones astronómicas llevadas a cabo a finales del siglo pasado, se ha descartado también que la materia oscura se corresponda con alguno de los candidatos mejor posicionados, como son el gas interestelar o los neutrinos masivos. Su distribución en el espacio parece que se corresponde con una red de filamentos.

El desconocimiento de la naturaleza de la materia oscura no ha impedido determinar de manera precisa su densidad relativa respecto a los ingredientes del universo.

☛ Según cálculos actualizados, el componente material total del universo que tiene efectos gravitacionales se ha estimado en torno a un 30 % de los componentes del mismo, corroborando que algo menos de un 5 % corresponde a la materia de naturaleza *bariónica* que es visible, siendo el restante **25 % la materia oscura**, que es un componente fundamental del universo.

Esta materia tuvo que tener una importancia decisiva en la formación de las galaxias en la primera mitad de vida del universo, cuando la interacción gravitatoria, cuyos efectos actuaban tanto sobre la materia visible como la materia oscura, era la fuerza preponderante.

Energía oscura

A partir de 1930 que Hubble expuso la ley que lleva su nombre, diferentes medidas de la constante que utilizada en la misma daban resultados no concordantes sobre la velocidad de expansión del universo. En 1995 se constituyeron dos equipos internacionales de astrónomos para medir, en paralelo pero de manera independiente, el valor de dicha constante. Con ese objetivo se estudiaron las medidas correspondientes a la luz emitida por dos supernovas, cuyos resultados mostraron que la expansión del universo no se está frenando ni permanece constante como se suponía, sino que la velocidad de expansión del universo se está acelerando con el paso del tiempo.

La conclusión no es únicamente que la gravedad resulta insuficiente para frenar la expansión, sino que además debe existir algún fenómeno de naturaleza totalmente desconocida que actúa en contra de la gravedad, provocando la aceleración de la velocidad de expansión del universo. Este fenómeno tiene un significado físico equivalente a una fuerza antigravedad, similar al de la constante cosmológica que incluyó Einstein en las primeras ecuaciones relativistas sobre el universo. A pesar de las similitudes conceptuales existentes entre la constante cosmológica y la expansión acelerada, la diferencia entre el orden de magnitud de los valores teóricos calculados a partir de la constante cosmológica respecto a los datos observados, es considerable. Este fenómeno desconocido se ha denominado «energía oscura», nombre que añade todavía más confusión, pues se ignora si corresponde a una forma de energía o es otra cosa (fuerza, partícula, campo,...), desconociéndose también si es realmente una constante, que lógicamente no cambiaría su valor con el tiempo, o si se puede identificar más bien con una propiedad del espacio o del vacío cuántico.

☛ **La denominada energía oscura es responsable de aproximadamente el 70 % de los ingredientes[58] que componen el universo, siendo por tanto el componente largamente mayoritario del mismo. A diferencia de la materia oscura, que se ha identificado en determinados lugares del universo, el fenómeno que constituye la energía oscura se supone que ocupa uniformemente el espacio interestelar, no interaccionando con ninguna de las fuerzas fundamentales.**

Teorías y cálculos recientes establecen que el valor de la *densidad de la energía oscura* se ha mantenido prácticamente constante desde el origen del universo, y dado que los componentes del universo se expansionan (aumentan su volumen) simultáneamente, todo parece indicar que el valor absoluto de la energía oscura ha ido aumentado a lo largo del tiempo. La radiación fue la magnitud preponderante en el universo durante los primeros 380.000 años después del Big Bang, hasta que la temperatura descendió a menos de 3.000 kelvin. A partir de ese periodo comenzó la etapa dominada por la materia, al disminuir el valor de la densidad de radiación por debajo del valor de la densidad de materia, en unidades comparables. Durante este periodo de aproximadamente 6.000 Ma en que la gravedad (fuerza relacionada con la materia) era la interacción preponderante, tuvo lugar la formación de las galaxias y de la mayor parte de las estrellas que brillan actualmente, suponiéndose que la velocidad de expansión del universo se *desaceleraba*. Hace algo más de 6.000 Ma

58 Masa y energía total.

los valores de las densidades de radiación y materia cayeron por debajo del valor de la densidad de la energía oscura, que como se ha indicado permanece prácticamente constante desde el origen del universo. A partir de que la energía oscura se convirtió en el fenómeno dominante, la velocidad de expansión del universo comenzó a *acelerarse*.

El supuesto de que la expansión acelerada continuase indefinidamente, dando lugar a un proceso de crecimiento exponencial del universo, ha dado lugar a diferentes escenarios o teorías sobre el hipotético final del mismo. Una de ellas postula que el universo se iría vaciándose progresivamente y formándose menos estrellas según fuesen acabando los ciclos de vida de las que actualmente brillan, de manera que el cielo se iría oscureciendo y enfriando hasta acabar con la muerte térmica del mismo, en un estado de máxima entropía o desorden, teoría conocida como la «gran congelación» (Big Freeze). Otra es que el aumento de la aceleración/expansión lleve a la disgregación progresiva de la materia, hasta convertirse en partículas elementales, en un proceso contrario al de la fabricación de la materia, escenario que se corresponde con el «gran desgarramiento» (Big Rip). Con argumentos similares a esta última, la teoría de la «gran implosión» (Big Crunch) concluye que la materia sufriría un proceso inverso al de su formación, acabando en algo equivalente al Big Bang pero al revés, que sería el comienzo del ciclo de un nuevo universo.

Agujeros negros

Los agujeros negros constituyen un fenómeno que se supone no tiene nada que ver con la materia oscura y la energía oscura. Un agujero negro es una región del espacio llena de materia enormemente concentrada, que da origen a un campo gravitatorio de gran intensidad del que no puede escapar la materia que caiga en su zona de atracción, ni tan siquiera la radiación electromagnética como la luz, razón ésta última que no permite su observación y que ha dado lugar a que se les califica como *negros*.

Estas especies de grandes aspiradoras espaciales, se pueden originar por diferentes mecanismos a partir de estrellas en la fase final de sus ciclos de vida. Por ejemplo, al agotarse el combustible de una gigante roja, las enormes fuerzas gravitatorias pueden llegar a comprimir su masa hasta un volumen muy pequeño (enana blanca), que a su vez puede continuar el proceso de contracción de la materia hasta transformarse en un agujero negro. Otros agujeros negros pueden originarse después de una explosión supernova, cuando el núcleo de la estrella ha quedado reducido a un volumen muy pequeño donde se concentra una gran cantidad de materia, denominándose estrella de neutrones, que acaban convirtiéndose también en un agujero negro. En ambos casos la estrella original tiene que ser de una masa al menos 15 a 20 veces mayor que la del Sol, no existiendo al final de su vida ningún tipo de interacción que frene la fuerza de la gravedad, debida a la concentración de materia de muy elevada densidad.

Existen millones de agujeros negros en cualquier galaxia, con un amplio rango de tamaños, teniendo los mayores un volumen equivalente al del sistema solar (agujeros negros supermasivos); los intermedios son de masa equivalente al tamaño de varias estrellas juntas, hasta los menores que pueden ser muy pequeños. Aunque los agujeros negros no se puedan ver directamente, sus efectos gravitatorios permiten detectarlos.

No se conoce con seguridad qué sucede a la materia que cae en un agujero negro, suponiéndose que sufre un proceso de presurización muy intenso. Según las hipótesis de mayor aceptación, la materia puede llegar a descomponerse hasta el nivel de las partículas elementales que la forman, e incluso transformarse en energía, en un proceso también inverso a lo sucedido tras el Big Bang.

VI) Transformaciones en la Tierra

Nuevos escenarios, nuevas condiciones

Formación del sistema solar

Transcurridos más 9.000 Ma desde el Big Bang, cuando la temperatura del universo ya se había enfriado suficientemente, en un discreto rincón de la Vía Láctea se produjo el colapso gravitatorio de unas nubes gaseosas de hidrógeno y helio, ya enriquecidas con elementos pesados sembrados a partir del polvo de antiguas estrellas muertas, que llevaban asociado un movimiento de rotación de la materia. El proceso de atracción de los gases centrales sobre las nubes más próximas dio lugar a la formación de una *protoestrella*, que continuó su calentamiento hasta alcanzar la temperatura necesaria para comenzar las reacciones de fusión nuclear, convirtiéndose en la estrella que denominamos el Sol.

En paralelo a la formación de la estrella, la materia periférica más pesada de las nubes de gas en rotación se fue condensando y creciendo hasta formar cuerpos estelares de diámetro superior a

1 km, llamados *planetesimales*, algunos de los cuales se llegaron a convertirse en *protoplanetas* hasta acabar formando los planetas del sistema solar. Existen dos tipos de planetas en el sistema solar, los rocosos como Mercurio, Venus, La Tierra y Marte, planetas más pequeños y cercanos al Sol, compuestos básicamente por metales y silicatos, y los gaseosos, más alejados del Sol y notablemente mayores como Júpiter, Saturno, Urano, Neptuno y Plutón, que pudieron retener los gases ligeros originales como el hidrógeno y el helio, estando compuestos por moléculas gaseosas heladas de metano, amoniaco y nitrógeno, parcialmente condensadas debido a las temperaturas más frías que soportan dichos planetas. El conjunto de planetas más cercanos al Sol formados por materia más pesada, frente a otros más lejanos del centro del sistema solar, compuestos por hielo y materia de menor densidad, pone en evidencia que la distancia a la estrella es un factor que determina la composición y las características de los planetas. Todos ellos se formaron al mismo tiempo que el Sol.

Como en otras nubes que forman el espacio interestelar, una parte de los átomos de los elementos químicos contenidos en las nubes gaseosas ya habían comenzado a formar moléculas sencillas por reacciones químicas, siendo la contribución de dichas moléculas decisivas para que la materia continuase transformándose de manera notable, al menos en uno de los planetas formados. Las moléculas existentes en el espacio eran básicamente de naturaleza inorgánica (óxidos de carbono, agua, amoniaco) con una diversidad de compuestos orgánicos sencillos (metano, etanol,...), que formaban parte de la materia de la Tierra primitiva hace 4.560 Ma.

Con tan solo 50 millones de años de existencia, la Tierra chocó contra un cuerpo al que se ha llamado Tea, del tamaño de Marte, intercambiando parte de su masa ambos astros. Como resultado del choque se formó la Luna, que está compuesta a partes iguales de material procedente de la Tierra y de Tea, quedando como satélite de la Tierra. Hace entre 4.100 y 3.800 Ma, la Tierra sufrió lo que se conoce como Bombardeo Intenso Tardío, cuando grandes asteroides sacudieron el planeta, aportando enormes cantidades de agua en forma de hielo y de gases, como metano y dióxido de carbono.

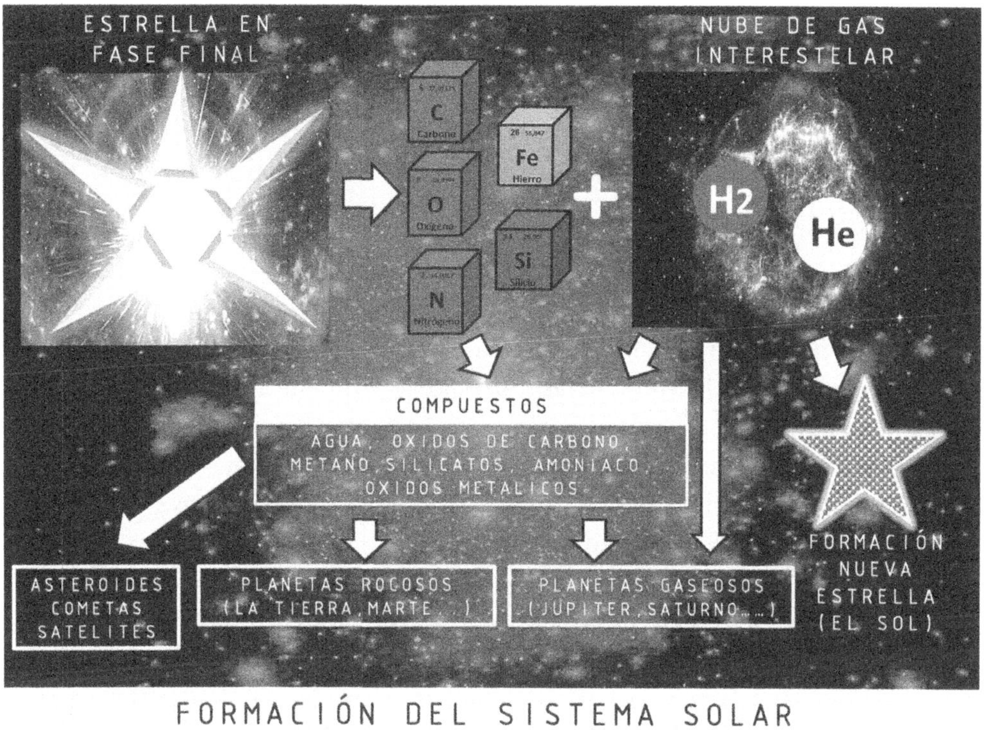

FORMACIÓN DEL SISTEMA SOLAR

Como planeta, la Tierra reúne dos características fundamentales para albergar la vida, que es la forma más evolucionada de la materia que conocemos. Por un lado, la masa de la Tierra tiene el valor apropiado para mantener por atracción gravitatoria una atmósfera gaseosa estable, que originalmente era muy diferente de la actual. Una vez surgida la vida, la atmósfera continuó modificándose, en gran medida por la propia acción de los seres vivos, llegando a crear un ecosistema tendente a garantizar la supervivencia de la propia vida. La segunda característica de la Tierra es su distancia del Sol, estando situada en lo que se llama «zona de habitabilidad», idónea para que la temperatura en su superficie (14 º C de promedio) permita que el agua se encuentre en estado líquido, circunstancia esencial para la existencia de vida. La disponibilidad de agua en abundancia, aportada en las nubes de gases que formaron el planeta, así como en los asteroides caídos en el mismo, dio lugar a que se formasen los océanos que cubren casi las tres cuartas partes de la superficie terrestre, constituyendo el medio por excelencia para que tuviesen lugar las reacciones químicas que dieron origen a la vida.

La materia terrestre

La compresión de la materia por la fuerza de la gravitación durante la formación de los planetas, hizo que la temperatura interior de la Tierra recién formada fuera relativamente elevada, encontrándose en estado fluido o semifluido la heterogénea materia más interna, que acabó decantándose y distribuyéndose por capas según su densidad. En la parte más interna del planeta se encuentra el núcleo formado por la materia de mayor densidad, compuesta principalmente por hierro (94 %) y algo de níquel (6 %). En contacto con el núcleo existe una amplia capa intermedia denominada manto, cuyo contenido en hierro va disminuyendo respecto al del núcleo, mientras que los porcentajes de oxígeno y silicio aumentan según se avanza hacia la zona más próxima a la superficie de la Tierra. La corteza terrestre[59], es la capa exterior en la que el oxígeno es el elemento mayoritario junto con el silicio, disminuyendo el contenido de hierro hasta un valor en torno al 6 %. Pese a que la temperatura interna de la Tierra está por encima de

---

[59] Capa sólida más externa de la Tierra, cuyo grosor puede variar entre 6 y 72 km.

la temperatura de fusión del hierro[60], la enorme presión existente en la parte más interna del núcleo hace que dicho elemento se encuentre en un estado próximo a sólido, aunque en la zona más cercana al manto el hierro se encuentra fundido, con posibilidades de moverse debido a la rotación del planeta y a la gravedad. Este movimiento creó hace algo menos de 3.500 millones de años un campo magnético que protege a la Tierra del viento solar que incide sobre nuestro planeta, haciendo que solamente el 1 % de las partículas del mismo penetren en la atmósfera.

En la tabla siguiente se indica la abundancia relativa de los diez elementos químicos más abundantes en la Tierra, tanto en su conjunto (segunda columna) como en la corteza terrestre (tercera columna), comparándose con la abundancia en Vía Láctea (primera columna), que es muy semejante a los valores medios del universo, y con los valores medios del conjunto de seres vivos que pueblan la Tierra (cuarta columna).

Abundancia relativa de elementos en los medios terrestres y seres vivos (% en masa)

Núm.	VIA LACTEA		TIERRA		CORTEZA TERRESTRE		SERES VIVOS	
1	Hidrógeno	73,5	Hierro	39,8	Oxígeno	49,40	Oxígeno	65,1
2	Helio	26,4	Oxígeno	27,7	Silicio	25,69	Carbono	18,0
3	Oxígeno	0,0082	Silicio	14,5	Aluminio	7,50	Hidrógeno	9,9
4	Carbono	0,0026	Magnesio	8,69	Hierro	4,71	Nitrógeno	3,0
5	Nitrógeno	0,00093	Níquel	3,16	Calcio	3,39	Calcio	1,9
6	Hierro	0,000016	Calcio	2,52	Sodio	2,63	Fósforo	1,0
7	Neón	0,000012	Aluminio	1,79	Potasio	2,40	Potasio	< 0,5
8	Silicio	0,0000062	Azufre	0,64	Magnesio	1,93	Azufre	< 0,5
9	Magnesio	0,0000054	Sodio	0,39	Hidrógeno	0,87	Cloro	< 0,5
10	Azufre	0,0000047	Cobalto	0,23	Titanio	0,58	Sodio	< 0,5

Fuente: *El medio interestelar*. A. Arnau y E. Silla. Universitat de Valencia (1991)

[60] El núcleo de hierro parcialmente derretido tiene actualmente una temperatura superior a 6.000 ºC.

El hidrógeno, elemento largamente mayoritario en el universo y en la Vía Láctea, no aparece entre los diez primeros de la Tierra y tiene una abundancia muy modesta en la corteza terrestre, si bien es el tercer componente de la masa de los seres vivos. Los dos gases nobles helio y neón, componentes destacados de la Vía Láctea, sobre todo el primero de ellos, prácticamente desaparecen de la Tierra y de la corteza terrestre. Por el contrario, el trio formado por el hierro, el oxígeno y el silicio componen alrededor del 80 % de la masa del planeta, tanto en su conjunto como en la corteza. El 20 % restante lo forman los otros 90 elementos que existen naturalmente en la Tierra.

El carbono no asoma entre los primeros 10 elementos de la Tierra, a pesar de ser el cuarto elemento más abundante del universo y el componente esencial de los seres vivos que habitan nuestro planeta, teniendo una abundancia media bastante baja en la corteza terrestre (apenas el 0,2 %), donde forma parte de compuestos inorgánicos del tipo de los carbonatos.

En la corteza terrestre, además del 80 % de la materia que compone la terna oxígeno/silicio/hierro, los elementos más abundantes son 5 metales –aluminio, calcio, sodio, potasio y magnesio–, cuyas proporciones varían entre el 2 y el 8 %. Los elevados porcentajes de silicio y oxígeno y la relación entre ellos se corresponden con el hecho que entre el 92 y 95 % de la materia de la corteza terrestre está constituida por *silicatos*, compuestos cuyas unidades básicas más comunes están formadas por tres o cuatro átomos de oxígeno por cada átomo de silicio. Los silicatos constituyen la mayoría de las rocas y arenas de la Tierra, formando los minerales más comunes como el cuarzo, los feldespatos y la arcilla.

Nuevos patrones de transformación

☛ **Cuando se formó la Tierra hace 4.560 millones de años, se supone que la gran mayoría de la materia que existía era de carácter inorgánico, a pesar de que en el periodo en que comenzó a formarse el sistema solar ya debían existir moléculas orgánicas en las nubes gaseosas del espacio interestelar.**

En las condiciones existentes en la Tierra, la fuerza electromagnética es el motor de las transformaciones de materia, sustituyendo a la interacción nuclear que había sido preponderante en las transformaciones que habían tenido en el Big Bang y en las estrellas. Consecuentemente las reacciones químicas son los procesos esenciales de transformación de la materia en nuestro planeta.

Las disciplinas científicas que explican los procesos de transformación en el universo, la física y la astronomía, dejan paso en la Tierra a un relato científico basado en la química y la biología, menos grandioso y espectacular que el del espacio pero que ha llevado a la materia terrestre a alcanzar elevados niveles de complejidad, dando lugar a la emergencia de determinadas propiedades y relaciones funcionales, que soportan el origen de un fenómeno de la magnitud de la vida.

Para ello fue necesario que, una vez estabilizado el planeta y en una atmósfera exenta de oxígeno, se formasen a partir de determinados compuestos inorgánicos gaseosos una serie de moléculas orgánicas sencillas que conllevaban la emergencia de la química orgánica, comenzando a reaccionar entre ellas hasta llegar a formar polímeros orgánicos[61] de elevada complejidad. En las condiciones oxigénicas de la atmósfera actual, las reacciones de formación de compuestos de naturaleza orgánica tienen lugar de manera exclusiva en el interior de los organismos vivos, por lo que es más apropiado hablar de reacciones bioquímicas o biológicas.

El tamaño de las entidades materiales que se suponen son las más evolucionadas de la Tierra, los organismos vivos, está comprendido entre el de los seres unicelulares más pequeños y el de los animales y vegetales más grandes, rango de tamaño que está en consonancia con el del observador (el ser humano). Ni la mecánica cuántica, que explica de manera precisa las propiedades de las minúsculas partículas atómicas y subatómicas, ni la mecánica relativista que predice satisfactoriamente el comportamiento de estructuras como las estrellas o los planetas, dan una explicación ajustada sobre un fenómeno como la vida.

Los procesos evolutivos acaecidos en la Tierra no se conocen de manera fehaciente que tengan lugar en otras partes del universo, aunque existen elevadas posibilidades de que así sea, a diferencia de las transformaciones en las estrellas y las que tienen lugar a escala atómica y subatómica, que se sabe a ciencia cierta que suceden de manera similar a lo largo y ancho del universo.

La materia de los seres vivos

Átomos básicos

De acuerdo con Erwin Schrödinger, físico alemán que desarrolló los fundamentos del modelo atómico basado en la Mecánica

---

[61] Las moléculas orgánicas complejas son compuestos de elevado peso molecular de tipo polimérico (formado por la unión de un gran número de moléculas más sencillas denominadas monómeros) con diversos grupos orgánicos funcionales (alcoholes, aldehídos, ácidos, aminas,...).

Cuántica, la materia bariónica es idéntica en su constitución más elemental para cualquier tipo de entidad o sustancia material. Quarks, protones, neutrones y átomos son los mismos, tanto en el caso de la materia inerte como de la materia que forma los organismos vivos. Schrödinger tenía una visión organizativa del mundo, sosteniendo que las funciones de la materia dependen sobre todo de la organización de la misma y menos de su constitución básica, que como se indica es idéntica para toda ella.

A partir de la materia de carácter inerte que formaba originalmente la Tierra, tuvo lugar un largo proceso, como máximo de 400 Ma, que terminó con la formación de los primeros seres vivos. Más de un 96 % de la materia de los organismos vivos en promedio está compuesta por átomos de tan solo cuatro elementos –carbono (C), hidrógeno (H), oxígeno (O) y nitrógeno (N)– que son los más abundantes en el universo, si se excluye los gases nobles helio y neón de naturaleza inerte. A ese cuarteto de elementos suele hacerse referencia con el acrónimo CHON, que resulta de la unión de sus símbolos químicos.

☛ **El carbono es el elemento fundamental que forma el esqueleto de la materia orgánica prebiótica[62] y de las biomoléculas que componen los seres vivos, debido sobre todo a la gran versatilidad que este elemento tiene para combinarse consigo mismo, además de con los otros tres elementos HON. El enlace entre átomos de carbono puede formar largas cadenas, anillos y otras complejas estructuras, a las que se unen sus tres amigos atómicos, constituyendo la esencia de la complejidad de la materia orgánica/biológica.**

[62] Materia de naturaleza orgánica que existió en la Tierra anteriormente a la emergencia de la vida.

- El hidrógeno es junto con el carbono el elemento que mayor presencia tiene en los compuestos biológicos, constituyendo la *musculatura* de dichos compuestos. Se puede decir que carbono e hidrógeno forman la esencia de la materia biológica. Como ya se ha indicado, en unión con el oxígeno compone el agua, que es el medio fundamental para que se produzcan las reacciones químicas en las que se basa la vida.
- El oxígeno y el nitrógeno en forma molecular (O_2 y N_2) son dos gases que componen la atmósfera de la Tierra en proporciones volumétricas de 21% y 79%, respectivamente. Además, son componentes esenciales de los denominados *grupos funcionales*[63], que determinan las características bioquímicas de los compuestos orgánicos y biológicos que forman los seres vivos de la Tierra. El oxígeno es un elemento altamente reactivo, fundamental en las reacciones bioquímicas de los seres vivos, sobre todo en dos procesos esenciales para la existencia de la vida: la fotosíntesis y la respiración celular, que se describen más adelante. El nitrógeno forma parte de biomoléculas de gran importancia como son los aminoácidos y las bases nitrogenadas de los ácidos nucleicos, que constituyen el alfabeto del lenguaje de la vida. Es notablemente menos reactivo químicamente que el oxígeno.

Existen dos elementos químicos adicionales, también importantes en la composición de la materia biológica, aunque de menor presencia en los mismos que los cuatro CHON, que son el fósforo y el azufre, ambos de características químicas muy similares a sus *jefes* de los grupos del sistema periódico en los que

[63] Alcoholes, aldehídos, cetonas, ácidos, aminas, amidas y un largo etcétera.

están situados, nitrógeno y oxígeno, respectivamente. El fósforo forma parte de las moléculas de Trifosfato de Adenosina (ATP), auténtica moneda de pago «energético» en los organismos vivos al almacenar sus enlaces químicos grandes cantidades de energía, siendo por tanto esencial para el metabolismo de los mismos.

☛ **Los cuatro elementos CHON iniciaron una senda evolutiva particular en la Tierra, que de momento no se conoce de manera fehaciente que exista en otros lugares del universo, aunque los indicios y razones científicas existentes llevan a suponer que la vida sea un fenómeno bastante común a lo largo y ancho del universo. La mayoría de la materia que se transforma en la Tierra formando los organismos vivos, contiene esos pocos elementos mencionados, algo de sal y unos cuantos metales en concentraciones muy bajas.**

Si hubiese que hacer un podio de elementos químicos en base a su importancia en la evolución de la materia en la Tierra, el carbono sería el campeón sin duda, repartiéndose las medallas de plata y bronce el oxígeno y el hidrógeno, probablemente por ese orden.

Moléculas complejas

Los porcentajes de elementos químicos que componen los seres vivos, dan pistas sobre el hecho de que éstos están constituidos básicamente por carbono y agua, ésta última con una proporción en promedio superior al 70 % de la masa de los seres vivos. El agua, que está entre las cuatro moléculas más abundantes del universo, es fundamental en la composición los seres vivos, constituyendo además el medio ideal para que tengan lugar las reacciones químicas de los mismos, por su capacidad de poner en contacto, disolver y transportar las sustancias químicas que intervienen en dichas reacciones. Cuanta mayor vitalidad tenga un ser vivo, más agua necesita. A este respecto es ilustrativa la variación del contenido de agua en los seres humanos con la edad, disminuyendo su proporción (*secándonos*) según nos hacemos mayores. El feto humano tiene el porcentaje más alto de agua, un 85 % que disminuye a valores entre el 75 y 80 % en el recién nacido, para reducirse el contenido hasta un 60 - 70 % en el adulto, convirtiéndose finalmente en un porcentaje en torno al 50 % en el caso del anciano. En el cuerpo humano el agua se encuentra distribuida en tejidos y órganos, siendo el cerebro el órgano con mayor contenido (85 %). En el extremo opuesto, los huesos son las partes de nuestro cuerpo con menor proporción de agua (30 % de media). Los músculos (75 %) y la piel (64 %) tienen porcentajes intermedios.

Descontando el agua, la materia de los organismos vivos está compuesta por una gran variedad de biomoléculas, que son compuestos químicos orgánicos relativamente sencillos fabricados por los propios seres vivos (de ahí el prefijo *bio*), formados casi totalmente por átomos de los elementos CHON. Existen cuatro familias principales de biomoléculas: *aminoácidos, nucleótidos, azúcares simples* y *grasas simples*, que son las unidades básicas o *monómeros*, que forman los compuestos de elevada complejidad de tipo polimérico[64] denominados biopolímeros. Las moléculas orgánicas que pudieron existir en la Tierra antes de la aparición de la vida, en puridad no se denominan biomoléculas, aunque su composición sea idéntica a estas últimas. Esta precisión es importante puesto que de acuerdo con las teorías de mayor aceptación sobre el origen abiótico[65] de la vida en la Tierra, exis-

---

[64] Los polímeros son moléculas orgánicas compuestas por un elevado número de monómeros.

[65] A partir de la materia inanimada (moléculas inorgánicas).

tió un periodo, que se conoce como prebiótico, durante el cual se dieron las condiciones necesarias para que se formasen dichas moléculas complejas, de composición similar a los biopolímeros. Los cuatro tipos de biomoléculas mencionadas son la base de las cuatro familias principales de biopolímeros.

Ácidos nucleicos

Monómeros: Biomoléculas denominados nucleótidos, compuestos por tres tipos de moléculas: un *azúcar* cíclico de 5 átomos de carbono, que lleva adosada una *base nitrogenada* también de tipo cíclico, y una molécula de *ácido fosfórico* que actúa como elemento de unión entre los azúcares.

Biopolímeros: La forma final es una estructura lineal compuesta por moléculas alternadas de ácido fosfórico y de pentosa, de manera que cada una de estas últimas lleva colgada una base nitrogenada.

☛ La función principal de los ácidos nucleicos es contener la información genética sobre las características biológicas de los seres vivos, información que se utiliza para formar determinadas proteínas, y para trasmitir los genes de los progenitores a sus descendientes en el momento de la reproducción. Los ácidos nucleicos son manuales biológicos que describen las características de los seres vivos. Una vez transmitida la información genética, son otros biopolímeros, normalmente del tipo de las proteínas, los que ejecutan las instrucciones contenidas en los ácidos nucleicos.

Existen dos tipos principales de ácidos nucleicos: el ADN (Ácido DesoxirriboNucleico) y el ARN (Ácido RiboNucleico), que se diferencian por la clase de azúcar de su composición, además de por el hecho que el ADN puede formar estructuras espaciales de doble hélice, similares a escaleras de caracol, a diferencia de la cadena de ARN que es una estructura plana. Las cuatro bases nitrogenadas presentes en los nucleótidos del ADN son Adenina (A), Guanina (G), Citosina (C) y Timina (T), mientras que la Timina se sustituye por el Uracilo (U) en el ARN.

Este formato es la base del código genético común para todos los seres vivos, algo así como el lenguaje de la vida. El biólogo estadounidense James Watson y el británico Francis Crick descubrieron la estructura del ADN en 1953, recibiendo por ello el Nobel de medicina en 1962.

El lenguaje de la vida

Una de las principales propiedades de los seres vivos es su capacidad para reproducirse, formando nuevos individuos muy parecidos a los progenitores. La reproducción de los organismos vivos se realiza duplicando las características biológicas de los padres, codificadas en las moléculas de ADN, cuya estructura forma una escalera de caracol o doble hélice en la que las cadenas *azúcar - ácido fosfórico* son los soportes laterales verticales (hebras) retorcidos, donde se sostienen los peldaños horizontales, constituidos por la unión de dos bases nitrogenadas, cada una de ellas perteneciente a una de las hebras de la molécula. El encaje de las bases nitrogenadas se realiza según la regla de que la Adenina encaja únicamente con la Timina, de la misma manera que la Citosina solamente se puede unir a la Guanina, siendo imposibles otras combinaciones entre dichas bases.

La unión de un elevado número de pares de moléculas de ADN formando una larga estructura helicoidal enrollada, se denomina cromosoma, cada uno de los cuales contiene numerosos genes (trozos del cromosoma), que son las unidades físicas que portan la información a transmitir de padres a hijos. El genoma es el conjunto de genes que determina todos los caracteres de un organismo.

Los seres humanos tienen 23 pares de cromosomas, que contienen entre 20.000 y 25.000 genes, cada uno de los cuales puede estar formado hasta por dos millones de nucleótidos. Un par de cromosomas determina el sexo del individuo (dos cromosomas X en el caso de las mujeres y un cromosoma X y uno Y en el caso de los hombres). El tamaño total aproximado del genoma humano es de algo más 3.000 millones de pares de nucleótidos.

El genoma específico de un organismo está codificado en un lenguaje definido por la secuencia de acoplamiento de las bases nitrogenadas del ADN. De acuerdo con la regla indicada de unión de las bases, cada una de las dos cadenas o hebras que componen el ADN es complementaria de la otra; por ejemplo, una secuencia de tres bases consecutivas ATG en una de ellas, tiene que estar necesariamente complementada por la secuencia TAC en la otra. Cada triplete de bases consecutivas del ADN constituye el código identificativo de un determinado aminoácido (por ejemplo, TTC es el código de un aminoácido denominado fenilalanina).

La replicación de una molécula de ADN comienza cuando la doble hélice de ADN del progenitor se rompe en dos partes por el centro de cada peldaño. Cada parte o mitad de la escalera, con sus propias bases nitrogenadas y siguiendo la regla de unión de bases del código genético, puede reconstruir la parte complementaria. El resultado final es la formación en cada célula hija de una nueva doble hélice de ADN, idénticas a las de los organismos progenitores.

Las *letras* del lenguaje de la vida son por tanto las bases nitrogenadas, cada tres de las cuales identifica un aminoácido, que son las *palabras*. El ADN que compone los genes equivaldría a los *libros* donde se especifican las características de los seres vivos, contenidas en 46 *estantes* que forman los 23 pares de cromosomas. El genoma humano sería la *biblioteca* donde está contenida toda la información biológica relativa a cada ser vivo.

En el código genético ocurre como en los lenguajes semánticos, en los números naturales o en los programas de ordenadores, donde el número de caracteres (símbolos) suele ser relativamente pequeño, siendo lo importante el orden en que se combinan. Por ejemplo, en el lenguaje alfabético no significa lo mismo las palabras «radio» y «odiar», a pesar de contener exactamente las mismas letras.

Proteínas

MONÓMEROS: cada proteína está formada por entre 100 y 2.000 aminoácidos, biomoléculas que, como su nombre indica, contienen dos tipos de grupos funcionales: uno de tipo *amino* (-NH_2) y otro de tipo *ácido carboxílico* (-COOH), responsables de sus características bioquímicas. Aunque existen cientos de aminoácidos, solamente 22 forman parte de las proteínas, no pudiendo los seres humanos sintetizar de forma endógena 10 de estos aminoácidos, que se denominan *esenciales* y se deben incorporar con los alimentos.

BIOPOLÍMEROS: Las proteínas son los biopolímeros más abundantes y versátiles de las células, constituyendo aproximadamente la mitad de su peso seco. Son de importancia capital para los seres vivos, sirviendo para casi todo. Tienen funciones de tipo *estructural* formando tejidos como la piel, los músculos, los huesos o los vasos sanguíneos; de tipo *inmunológico* como anticuerpos contra los microrganismos o de *transporte* de sustancias como el oxígeno por medio de la hemoglobina. Las proteínas componen también las enzimas, que son *catalizadores*[66] que aceleran las reacciones bioquímicas en que se basan los procesos biológicos, para hacer que dichos procesos transcurran en periodos compatibles con las necesidades vitales de los organismos. Los aminoácidos también tienen estructuras terciarias espaciales, que son la causa de sus propiedades características.

☛ Los aminoácidos son, de largo, las biomoléculas de mayor utilización por los seres vivos, poniéndose de manifiesto su importancia por el hecho de que el código genético tiene como objetivo la transmisión de la información necesaria para **sintetizar los aminoácidos** que caracterizan cada especie viva.

Glúcidos

MONÓMEROS: Son azúcares simples, cuya fórmula genérica [$Cm(H_2O)n$] pone de manifiesto que están formados por un número de átomos de carbono unidos a una cantidad de moléculas de agua, razón por la cual se les denomina también *hidratos de carbono* o *carbohidratos*. El más común de los azúcares es la glucosa ($C_6H_{12}O_6$) que los seres vivos emplean como fuente de energía o combustible natural.

BIOPOLÍMEROS: En los seres humanos la glucosa se almacena en forma de *glucógeno,* polímero que se acumula en los músculos y en el hígado y cuya molécula puede contener alrede-

[66] Sustancia que acelera la velocidad de una reacción química sin intervenir como reactivo en ella.

dor de 120.000 monómeros de glucosa para su uso, sobre todo en el cerebro (pensar gasta mucha energía) y en los músculos (correr también gasta), estando disponibles para ser metabolizadas rápidamente en situaciones de estrés o de ejercicio intenso. Los vegetales tienen como material de almacenamiento energético *el almidón*, un polisacárido compuesto también de moléculas de glucosa formadas directamente a partir del agua y del óxido de carbono, que las plantas toman de la atmósfera. Otro azúcar denominado ribosa es parte integrante de las moléculas de ADN y ARN.

Lípidos

MONÓMEROS: Biomoléculas de composición química variada, entre las que se encuentran compuestos como las grasas y los aceites, que suelen contener mayores proporciones de carbono e hidrógeno que otras moléculas, siendo apropiadas para procesos de combustión que liberan importantes cantidades de energía. Son inmiscibles con el agua y con los compuestos acuosos.

BIOPOLÍMEROS: Una de las funciones principales de los lípidos es constituir reservas de energía para consumo a más largo plazo que los carbohidratos, constituyendo también los componentes estructurales de tejidos como las membranas celulares o de algunos tipos de hormonas. Uno de los lípidos más conocidos es el colesterol, componente esencial de la membrana de las células animales y precursor de determinadas hormonas esteroides (andrógenos y estrógenos), pero que para los seres humanos puede resultar peligroso cuando sus niveles en sangre rebasan ciertos límites, tendiendo a depositarse en los vasos sanguíneos que riegan el corazón y el cerebro.

El fenómeno de la vida

Naturaleza del ser vivo

Los seres vivos son entidades individuales constituidas por moléculas complejas formadas a partir de los elementos CHON, que tienen a la célula como unidad fundamental de su organización. Están dotados de características específicas como son la capacidad de satisfacer por sí mismos sus necesidades básicas (automantenimiento) y generar otros individuos de la misma especie (autorreplicación), funciones que forman parte de una larga lista que se pueden incluir en la capacidad de autoorganización que tienen los seres vivos. Las necesidades básicas de los seres vivos son en primer lugar la energía, necesaria para la realización de las funciones que los mantienen vivos, así como las biomoléculas para formar a partir de ellas la materia que necesitan (en el caso de los animales) y el agua. A diferencia de la vida, las estructuras materiales formadas por moléculas inorgánicas son incapaces de reproducirse y no tienen necesidades que satisfacer, más allá de su tendencia al equilibrio químico.

☛ **Se sabe de manera fehaciente que la totalidad de la materia bariónica del universo, tanto inorgánica (minerales) como biológica (seres vivos), está formada por moléculas compuestas por los mismos átomos.**

Al margen de creencias de cualquier tipo, que al no estar sustentadas científicamente no son objeto del presente escrito, la primera teoría que tuvo una cierta aceptación hace unos cientos de años sobre el origen de la vida en la Tierra es la denominada generación espontánea, que postulaba la aparición fortuita, o al menos sin causa aparente, de organismos vivos como son insectos o gusanos, en procesos biológicos del tipo de la putrefacción o la descomposición de materia biológica como trozos de carne o pescado. A mediados del siglo XIX el químico y biólogo francés Louis Pasteur preparó un sopicaldo de remolachas, legumbres y carne, que hizo hervir para eliminar la presencia de microorganismos[67], cerrándolo herméticamente a continuación en recipientes, en los que desde entonces no se ha detectado señal alguna de actividad vital. A la vista de los resultados se desechó la teoría de la generación espontánea, concluyéndose que *los seres vivos solamente pueden venir de otros seres vivos precedentes* (biogénesis), resolviéndose una parte del problema pero sin llegar a contestar a la cuestión sobre el origen de la primera forma viva.

☛ Son dos las hipótesis principales sobre el origen de la vida en la Tierra: la primera es que haya emergido en nuestro planeta a partir la materia inorgánica, teoría que se conoce como *origen abiótico[68] de la vida o abiogénesis*. La segunda es que tenga procedencia extraterrestre, hipótesis que tampoco responde a la cuestión de conocer cómo se formó la vida por vez primera, sino que la pospone. Esta última hipótesis se considera actualmente una opción cuanto menos razonable y posible, a la vista de las muchas evidencias descubiertas en meteoritos caídos sobre nuestro planeta.

67 Proceso similar al que actualmente se denomina «pasteurización».

68 Que no procede de otro ser vivo.

Origen abiótico en la Tierra

La teoría de mayor aceptación sobre el origen abiótico de la vida en la Tierra (abiogénesis) se debe a dos bioquímicos, el ruso Alexander Oparin y el británico John Haldane, que separadamente y con algunas diferencias la expusieron en la década de 1920. Según dicha teoría, en nuestro planeta la materia que dio origen a la vida se formó a partir de materia inorgánica, mediante un proceso gradual de transformación de dicha materia, sustentado en las leyes de la naturaleza y en unos átomos idénticos para cualquier materia.

Se sabe por vestigios, sobre todo de carácter geológico, que la atmósfera terrestre en los primeros miles de millones de años carecía de oxígeno libre, era anoxigénica. En esas condiciones era posible la formación espontanea de materia de naturaleza orgánica, circunstancia que en la actualidad es menos viable debido al carácter oxidante de la atmósfera. Por ello todos los compuestos de naturaleza orgánica/biológica que existen en la Tierra actualmente, han sido formados por seres vivos. La primera molécula orgánica formada en el laboratorio a partir de un compuesto inorgánico[69] fue la urea[70], sintetizada en 1828 por el químico alemán F. Woehler, confirmando la posibilidad de originar materia orgánica, de la misma naturaleza que la de los seres vivos, a partir de compuestos inorgánicos.

☛ **El relato científico sobre el origen abiótico de los organismos vivos en la Tierra se articula en torno a la idea de la transformación paulatina de la materia original terrestre**

---

[69] Cianato amónico.

[70] Sustancia fabricada naturalmente por muchos animales, que suele excretarse por la orina.

de carácter inerte, compuesta por un número relativamente pequeño de moléculas gaseosas con contenidos importantes de elementos CHON, como el metano (CH_4), el vapor de agua (H_2O), el amoniaco (NH_3) y quizás algún oxido de carbono (CO y CO_2), que se supone existían en la atmósfera primitiva terrestre; todos estos compuestos abrieron una nueva vía de transformación de la materia basada en las reacciones de la química orgánica. La primera materia orgánica sencilla se supone que se originó en la atmósfera terrestre, a partir de esas pocas moléculas inorgánicas. Dichas moléculas se depositaron en océanos y lugares húmedos, donde fue reaccionando posteriormente hasta formar polímeros orgánicos de elevada complejidad.

Una vez que las moléculas orgánicas terrestres alcanzaron un grado elevado de complejidad, los primeros seres vivos se habrían originado tras un proceso de acoplamiento físico y funcional entre dichas moléculas, proceso que dio lugar a la emergencia de nuevas propiedades en el conjunto molecular, siendo la principal su capacidad de autoorganización. Este tipo de teorías fueron anticipadas por el naturalista británico Charles Darwin, autor de «El origen de las especies», obra fundamental publicada en 1859 sobre la evolución biológica, que suponía los procesos graduales de transformación a partir de la materia inorgánica, como la causa primaria del origen de los seres vivos.

Los indicios y evidencias que presenta la teoría sobre el origen abiótico de los seres vivos en la Tierra son numerosos, pero no se ha logrado la transformación *in vitro* de un conjunto de moléculas complejas en organismos vivos, moviéndose dicha teoría en el terreno de la especulación, a pesar de estar basada en sólidos fundamentos científicos. Existen dos posiciones contrapuestas sobre el proceso de la abiogénesis: por un lado considerar la formación de la vida como un suceso azaroso muy improbable y por lo tanto muy difícil de que ocurra, como parece demostrarlo el hecho de que no se haya vuelto a originar un segundo tipo de vida diferente en la Tierra. Habría que matizar también los límites de lo que se considera azar, que en cualquier caso debe estar supeditado a las leyes de la naturaleza, pues de lo contrario las circunstancias azarosas se aproximarían a los milagros, que escapan al ámbito de la ciencia. La otra visión sobre el origen de la vida considera que, en base a las leyes de la naturaleza, la materia tenía que llegar inevitablemente a la formación de los primeros seres vivos, o lo que es lo mismo, la vida es una etapa necesaria e ineludible en los procesos evolutivos de la materia. Esta última visión parece que goza actualmente de un mayor predicamento entre la comunidad científica, aunque ambas visiones no son necesariamente contrapuestas, pudiendo complementarse.

Si la vida hubiese emergido una sola vez a partir de las moléculas complejas prebióticas terrestres, como lo sugiere el hecho que todos los seres vivos de la Tierra tengan un código genético común, que confirma que procedemos de un único ancestro universal, la vida podría ser lo que la ciencia denomina una singularidad, un suceso muy raro que parece haber ocurrido una sola vez. Sin embargo, existen argumentos que dejan la puerta abierta a la posibilidad de que en algunos momentos hayan podido emerger otras formas de vida en la Tierra, que no llegaron a prosperar ante el empuje de la vida tal y como hoy la conocemos. Según un razonamiento de Charles Darwin, si hoy existiesen moléculas capaces de evolucionar según otros patrones, compitiendo con las actuales formas de vida, lo más probable es que fracasasen en su intento debido a que las especies vivientes las destruirían. Darwin sostenía que, una vez aparecida la vida, lo invadió todo comiéndose sus propias raíces e impidiendo que otros tipos de vida basadas en distintos parámetros pudieran prosperar simultáneamente y sobrevivir frente al formato de los seres vivos actuales.

El relato sobre el origen abiótico de la vida en la Tierra y su posterior diversificación, presenta numerosos indicios y pruebas en lo que concierne a las etapas anteriores y posteriores al origen de los primeros organismos, pero existe una laguna esencial que es la mencionada imposibilidad actual de poder originar *ex novo* un ser vivo en el laboratorio, a partir de un conjunto de biomoléculas que podrían componer el organismo más simple que pudo existir inicialmente. Ante este muro de momento infranqueable sobre el origen de la vida, las investigaciones se centran en conocer las bases fisicoquímicas del fenómeno de la vida y determinar el orden de acoplamiento entre las diferentes moléculas, en los estadios anteriores a la emergencia del primer organismo vivo, esa entidad cuasi-viva que se denomina protocélula. Cada una de dichas teorías está basada en resultados de investigación que las apoyan, sin llegar a desdecir otras que pueden sustentar otras hipótesis, a la espera de que los experimentos permitan focalizar el amplio abanico que se maneja actualmente, para validar o reconducir la teoría del origen abiótico de la vida en la Tierra.

La teoría Oparin-Haldane suscitó muchas dudas al principio, teniendo el mérito de ser el primer planteamiento científico sobre el origen de la vida y constituyendo un avance importante a nivel teórico, que influyó decisivamente en la hoja de ruta de las investigaciones posteriores en los campos de la química, la bioquímica y la biología

Origen extraterrestre

Nuestra tendencia antropocéntrica sitúa al ser humano como el único habitante consciente del universo, que parece que solamente tiene sentido por el hecho de la existencia de la especie humana, colocándonos en el nivel superior de todo lo que podría existir en el universo. Dicha visión da la impresión que durante los

13.800 Ma transcurridos antes de la aparición de la raza humana en la Tierra, el universo ha estado incompleto o carecía de sentido. Estas ideas comenzaron a cambiar cuando se concluyó que la Tierra no era el centro del universo o que estamos emparentados con los simios, hecho este último que los avances en genética y biología molecular han hecho extensivo a todos los seres vivos, al demostrar que todos ellos, desde los más pequeños y simples hasta los más desarrollados y complejos, provienen de un único ancestro común, un organismo formado por una única célula que existió hace alrededor de 4.000 Ma. Los resultados de las encuestas mencionadas en el comienzo del presente manual, demuestran que el antropocentrismo residual es todavía importante, incluso en los países más desarrollados.

La idea de que estamos solos en el universo puede ser una de las últimas banderas del antropocentrismo, teniendo a su favor el hecho de que no se tiene constancia definitiva sobre la existencia de entidades vivas alienígenas. En el caso hipotético de que el primer ser vivo sobre la Tierra hubiese llegado del espacio, de acuerdo con lo expuesto, habría sido un organismo unicelular ancestral, padre/madre de todos los seres vivos, incluida la especie humana.

Existe una antigua teoría sobre el origen extraterrestre de la vida denominada «panspermia», que ha recuperado actualidad. Dicha teoría supone que a bordo de meteoritos y restos de cometas llegaron a la Tierra microrganismos muy resistentes formados en otras partes del universo, que pudieron actuar como semillas de la vida terrestre. Esta siembra de la vida podría haber sido dirigida por seres inteligentes de otros planetas. En cualquier caso, la posibilidad de que la vida en la Tierra haya tenido origen extraterrestre no da una respuesta a la cuestión de dónde y cómo se pudo formar la primera vida, supuestamente a partir de la materia inanimada de carácter inorgánico.

El principio cosmológico generalmente aceptado, establece que el universo «en escalas espaciales suficientemente grandes» es homogéneo e isótropo[71]. De los cinco elementos químicos más abundantes del universo –hidrógeno, helio, oxígeno, nitrógeno y carbono–, los cuatro CHON son componentes muy mayoritarios de la materia de los seres vivos en la Tierra y se supone que se encuentran esparcidos de manera bastante uniforme en el universo. Además, no hay razones para considerar que la materia no tenga la misma avidez transformadora, evolutiva y autoorganizadora en todos los rincones del universo, así como posibilidades equivalentes para llevar a cabo procesos similares al de la Tierra, en exoplanetas orbitando alrededor de otras estrellas distintas del Sol, que reúnan condiciones favorables para la existencia de la vida. A tenor del elevado número de exoplanetas descubiertos en los últimos años, no parece que sean excepcionales en el universo sino más bien bastante comunes. La presencia de agua en estado líquido en los planetas, ha pasado de ser un indicio sobre la existencia de vida a sustentar posibilidades notables de que ésta se haya originado. Resulta difícil de aceptar que en la inmensidad del universo no hayan tenido lugar procesos similares al que se supone tuvo lugar en la Tierra, pudiendo haber dado origen a organismos vivos, más o menos evolucionados respecto a los de nuestro planeta.

En base a razonamientos de este tipo y a observaciones astronómicas, se han desarrollado modelos y fórmulas ingeniosas sobre cálculos especulativos en relación al número de planetas que podrían albergar seres vivos, habiéndose llegado a cifras realmente elevadas. Carl Sagan, en un cálculo que él mismo juzgaba bastante conservador, avanzó valores superiores al millón de civilizaciones que podrían existir solamente en

---

[71] La homogeneidad significa que cualquier punto tiene las mismas propiedades que otro punto dado, por muy alejados que se encuentren ambos. La isotropía significa que sin importar en qué dirección se esté observando, se encuentran las mismas propiedades.

nuestra galaxia, de manera que dichos cálculos pueden llevar a cifras hipotéticas realmente astronómicas, sobre la existencia de vida en el universo.

En nuestro planeta existen sustancias orgánicas de una cierta complejidad, de las que se tiene la certeza que son de origen extraterrestre. Uno de los casos más significativos es el meteorito caído en 1969 en Murchison (Australia), cuyos análisis han permitido identificar agua y una diversidad de compuestos orgánicos, entre ellos cantidades relativamente importantes de aminoácidos y de otras moléculas complejas similares a las que forman parte de los organismos terrestres. La materia encontrada en los meteoritos es de mayor complejidad que las moléculas orgánicas encontradas en el espacio interestelar. En un meteorito caído en 1996 que se supone de origen marciano, se hallaron incluso trazas de microorganismos, habiéndose encontrado recientemente trazas de agua debajo de la superficie del planeta Marte.

☛ Las teorías relacionadas con la existencia de vida extraterrestre e incluso que la vida terrestre se haya originado en el espacio, cuentan actualmente con muchos partidarios en base a los indicios encontrados y a razonamientos del tipo expuesto, aunque tampoco se dispongan de pruebas definitivas al respecto. Esto último se debe en gran medida a las enormes distancias entre sistemas estelares y galaxias, pues mientras la luz del Sol tarda 8 minutos en llegar a la Tierra, la de la estrella más próxima [Alfa Centauri] tarda 4 años y las de las estrellas más alejadas dentro de la Vía Láctea, hasta 100.000 años. La luz de la galaxia más cercana, Andrómeda, tarda 2 Ma en llegar a nuestro planeta. Estos periodos de tiempo, enormes para la duración de la vida humana, habría que multiplicarlos por un factor entre 3.000 y 4.000 considerando las velocidades que se pueden alcanzar en las naves espaciales

actuales, sin tener en cuenta los efectos negativos que dichas velocidades tendrían para el cuerpo humano o de cualquier otro ser vivo.

Teorías sobre los seres vivos

Mecanicismo y organicismo

Las teorías sobre la evolución de la materia terrestre hasta los seres vivos tratan de explicar los fundamentos científicos de dicho fenómeno, con objeto de conocer su origen. El estado actual de desarrollo de la ciencia unido a la complejidad del fenómeno, no han permitido la formación de vida artificial, de manera que las teorías al respecto se pueden considerar como meras hipótesis. Dichas teorías sobre el origen abiótico de la vida en la Tierra oscilan entre dos visiones o paradigmas de carácter científico, siendo el primero en aparecer el denominado mecanicismo, al que se confronta otro desarrollado posteriormente que se conoce como sistémico u organicista.

La ciencia moderna se consolidó sobre la idea que los conocimientos de la naturaleza, a la cual consideraban una máquina perfecta, permitían por medio de las leyes de la física determinar los movimientos de los cuerpos celestes. Este modo de entender la naturaleza, extendido a otros dominios de la ciencia, está en la base del mecanicismo, teoría que introduce una notable dosis de determinismo al suponer que todo lo que ocurre está predeterminado por las leyes de la naturaleza. El mecanicismo se desarrolló en el campo de la química en torno a conceptos centrales relacionados con la previsibilidad de los fenómenos naturales, como pueden ser el equilibrio termodinámico y la reversibilidad de los procesos químicos.

Un aspecto fundamental de las teorías mecanicistas es el énfasis que ponen sobre la importancia de las partes frente al todo, basándose en que se puede conseguir un adecuado conocimiento de los fenómenos complejos mediante el análisis de las partes que los componen, al ser estas últimas más fáciles de examinar y llegar a conocer que considerando de manera global el sistema que forma el todo. Pese a que esta metodología ha estado y continúa estando en la esencia del método científico, al permitir estudiar de manera satisfactoria fenómenos naturales parciales, más sencillos de analizar que el conjunto de ellos, su aplicación a fenómenos de mayor complejidad, como es el origen de la vida, no ofrece resultados satisfactorios.

☛ Según la línea de pensamiento **mecanicista** los procesos biológicos (seres vivos) se reducirían a procesos químicos (moléculas) y estos a su vez a procesos físicos (átomos), aplicando las mismas leyes previsibles que se observan en la naturaleza inorgánica. Por tanto, la vida sería *únicamente* el resultado de la unión de átomos y moléculas. Los argumentos mecanicistas parecen insuficientes a la hora de explicar el origen de la vida, así como las propiedades características de los organismos vivos

---

Una de las versiones mecanicista más rígida es el reduccionismo, defendido por los propios Oparin y Haldane que consideraban que las entidades vivas más simples se han formado por transformación o evolución de la materia, sin que sus propiedades puedan ir más allá de la estricta suma de las propiedades de las partes que las componen, no dejando margen a otras causas. No es el mero azar lo que hace que surja la vida, sino la necesidad entendida como actuación de las leyes de la naturaleza.

Aunque las tesis de corte reduccionistas continúan siendo la base explicativa, con éxito, de buena parte de los procesos biológicos, estas ideas por sí solas tampoco dan una explicación coherente sobre el origen y complejidad de los seres vivos.

Opuestas a la visión mecanicista se sitúan las teorías sistémicas u organicistas, cuya diferencia fundamental consiste en la mayor importancia que dan al *todo*, considerándolo como algo más que la simple suma de las *partes*, pudiendo en el todo surgir nuevas e imprevisibles propiedades emergentes que no poseen de manera individual ninguna de sus partes componentes. El origen de las propiedades emergentes es el resultado de la reorganización de los elementos disponibles en el nivel de inferior de la materia, prescindiéndose de factores de tipo creacionista. Según las ideas organicistas, la vida es un proceso, una organización, más allá de las reacciones químicas y bioquímicas que la sustentan. Próximo al pensamiento sistémico se encuentran teorías como el holismo, posición filosófica que sostiene que los sistemas de cualquier tipo (físicos, biológicos, sociales, económicos, etc.) y sus propiedades, deben ser analizados en su conjunto y no solo a través de las partes que los componen, o el ecologismo que sostiene la idea que los organismos vivos y los sistemas supravivos (ecosistemas[72], biosfera[73],...) son totalidades integradas por una serie de partes, con tendencia a construir estructuras multinivel en las que se dan subsistemas dentro de otros sistemas más complejos. Por ejemplo, los seres vivos de mayor complejidad están compuestos por órganos que a su vez están formados por tejidos, que resultan de la unión de células trabajando con objetivos comunes. Además, en el interior de los organismos complejos existe una amplia variedad de microorganismos, que son esen-

---

[72] Comunidad de organismos y su entorno físico, interactuando como una unidad ecológica.

[73] Capa constituida por agua, tierra y una masa delgada de aire, en la cual se desarrollan los seres vivos; comprende desde unos 10 km de altitud en la atmósfera hasta los fondos oceánicos.

ciales para el buen funcionamiento de los mismos, como ocurre con los virus y bacterias que forman parte del cuerpo humano. Al mismo tiempo, dichos organismos complejos son componentes de otras estructuras superiores con propiedades añadidas, como son los ecosistemas constituidos por todos los seres vivos que habitan en ellos.

El geoquímico ruso Verdnaski que desarrolló el concepto de biosfera, consideraba la vida como «una fuerza geológica» que en parte crea y en parte controla el entorno planetario, una especie de Tierra viviente precursora de la Teoría Gaia desarrollada en la década de 1970 por el británico James Lovelock, a la que contribuyó posteriormente la estadounidense Lyyn Margulis.

Dentro de la corriente sistémica, el emergentismo se ha convertido en una de las teorías más socorridas a la hora de tratar de explicar el origen de los organismos vivos. La visión emergentista se alinea con la idea de que los organismos vivos son algo más que la simple unión de los átomos y moléculas que los componen, debido a que en las interacciones surge algo inmaterial e irreducible cuyas características derivan del todo y no de las partes, pudiendo originar las denominadas *propiedades emergentes* (como se supone que es la propia vida), no imaginables o predecibles a priori y que son consecuencia de las interacciones y relaciones entre las partes, aunque no existan dichas propiedades de manera aislada en ninguna de esas partes. Un emergentismo *débil* se aplica también a la materia inorgánica, por ejemplo, la reacción entre dos gases muy volátiles como son el hidrógeno y el oxígeno no permite predecir las propiedades emergentes del compuesto formado que es el agua, un líquido de características fisicoquímicas muy diferentes a las de sus dos componentes. La vida y la consciencia, entendida como estructuras autoorganizadas de la materia biológica compleja, resultarían ser propiedades emergentes de dicha materia.

El enfoque sistémico ofrece una mayor potencialidad que las ideas de carácter mecanicista para explicar el origen de los seres vivos. La vida se considera una propiedad emergente de la materia que ha alcanzado un elevado grado de complejidad, como consecuencia de las interacciones que se establecen entre sus componentes moleculares. En los organismos vivos, a partir de determinados niveles de complejidad de la materia que los forman, adquieren un mayor protagonismo otros factores como la organización o la interacción de los subsistemas. Los organismos vivos se basan en el principio de organización entre las diferentes partes que los forman. El marco conceptual que soporta la emergencia de nuevas propiedades aplicada a la materia biológica lo constituyen las llamadas ciencias de la complejidad.

☛ En resumen, según las **teorías sistémicas** la característica principal de los organismos vivos se recoge en el principio general del holismo: el todo existe a causa de las partes y el objetivo de estas últimas es mantener el todo; esta visión aplicada a los seres vivos permite suponer que la vida no está localizada en ninguna de las partes del ser vivo, sino en las propiedades colectivas que emergen del *todo* que ellas han creado. Por lo tanto, el sistema en su totalidad tiene al menos una nueva e importante propiedad emergente no poseída por ninguna de sus partes, como es la propia vida, capaz de automantenerse, autorreplicarse y evolucionar.

La vida, en tanto que propiedad emergente, pudo surgir en momentos determinados en que se dieron las condiciones necesarias en las moléculas complejas de la materia prebiótica, para que tuviese lugar dicha emergencia. Las propiedades emergentes no suelen aparecer de manera generalizada, lo que no impide suponer que la vida se haya podido originar más de una vez, en entidades individualizadas que pudieron desaparecer.

Según el pensamiento sistémico, la vida emerge como consecuencia de las relaciones funcionales entre los distintos componentes o subsistemas, derivando de un patrón de organización. La versión más general del organicismo supone que existe una interdependencia entre todos los seres vivos, que se manifiestan en los organismos más complejos y en los ecosistemas, que resultan ser redes de seres vivos dentro de otras redes. El concepto de red es esencial para la comprensión de las teorías sobre la naturaleza de la vida, así como de los ecosistemas.

Teoría de las estructuras disipativas

Un paso adelante para establecer los fundamentos científicos de la visión sistémica sobre el origen y características de los organismos vivos, es la denominada teoría de las estructuras disipativas desarrollada por el científico belga de origen ruso Ilya Prigogine, por la que se le concedió el premio Nobel de química en 1977. Esta teoría añade una base explicativa fundada en principios termodinámicos, ampliando la base científica de modelos basados en el origen abiótico de los organismos vivos, al relacionar el fenómeno de la vida con principios de la termodinámica[74], disciplina que entre otras cosas sirve para conocer las condiciones en que pueden tener lugar las reacciones bioquímicas que sustentan los organismos vivos.

[74] Parte de la física que estudia las relaciones entre el calor y las otras formas de energía, analizando los efectos de magnitudes como la temperatura o la concentración de materia, en el caso de sistemas químicos.

Un poco de termodinámica

De una manera general la energía del universo tiende a distribuirse o igualarse, buscando el equilibrio termodinámico. Esto significa que el universo tiende a aumentar su entropía[75], desorganizándose inexorablemente, de acuerdo con el segundo principio de la termodinámica[76].

Una serie de moléculas complejas disueltas en un medio acuoso constituyen un sistema químico, que si actúa como un sistema cerrado se transforma mediante reacciones químicas de naturaleza reversible, tendentes a alcanzar el equilibrio termodinámico. El equilibrio termodinámico es un estado de mínima energía en el que no existen diferencias de concentración o de temperatura entre sus partes, de manera que al alcanzarse dicho equilibrio deja de tener lugar cualquier interacción y el sistema pierde su capacidad para realizar trabajo mecánico, al haberse degradado la calidad de su energía y aumentado su desorden, medido por la entropía.

Los sistemas químicos tienden espontáneamente al equilibrio termodinámico, perdiendo su capacidad de actuar al alcanzar dicho estado. Los procesos relacionados con el equilibrio suelen tener comportamientos predecibles, relacionándose sus variables de forma lineal.

Prigogine desarrolló un modelo matemático basado en el concepto de estructuras disipativas, utilizable en sistemas del ámbito

---

[75] Magnitud termodinámica que cuantifica el desorden molecular de un sistema: cuanto mayor entropía, menor capacidad tiene la energía del sistema para realizar un trabajo (la energía es de menor «calidad»).

[76] Una de sus formulaciones es que la cantidad de entropía del universo tiende a incrementarse con el tiempo.

de las ciencias de la naturaleza, como son la física, la química y biología que estudia los seres vivos. Definió las estructuras disipativas como *sistemas abiertos que operan lejos del equilibrio termodinámico, necesitando un aporte continuo de materia y energía para mantenerse alejados de dicho equilibrio.* Las estructuras disipativas, además de operar lejos del equilibrio, están fundadas en procesos *irreversibles* en los que las relaciones entre sus componentes o variables son de carácter *no-lineal.* Para operar alejadas del equilibrio necesitan un aporte continuo de energía.

Una propiedad característica de las estructuras disipativas es que, cuando alcanzan estados de elevada complejidad, tienden a evolucionar de manera espontánea o descontrolada, pudiendo llegar a formar sistemas más ordenados (con menor entropía). Para que se cumpla el segundo principio de la termodinámica, esa disminución de la entropía se compensa con un incremento del desorden (mayor entropía) del entorno donde se encuentra la estructura disipativa, siendo el balance global de un aumento neto de entropía, de acuerdo con las leyes termodinámicas de un universo que tiende al desorden.

☛ En los sistemas complejos ordenados existen probabilidades de que emerjan nuevas propiedades y modelos de comportamiento entre los componentes del sistema, pudiendo llegar a transformarse en estructuras estables **autoorganizadas**, sin intervención externa alguna.

Los seres vivos tienen las propiedades de las estructuras disipativas: necesitan un aporte continuo de energía y materia para el mantenimiento de sus funciones, actuando como sistemas macroscópicos irreversibles que operan alejados del equilibrio termodinámico. El comportamiento de los organismos vivos se adapta a procesos no-lineales, que son imprevisibles y que cuando operan en red poseen determinadas propiedades, como es la capacidad de sus impulsos de viajar en cualquier dirección por la red, pudiendo redirigir el resultado de un sistema como impulso de retroalimentación o entrada al propio sistema, llegando a constituir una conducta en bucle que facilita que los sistemas puedan autorregularse al desarrollar mecanismos de control cinético.

De acuerdo con esta teoría, los primeros organismos vivos pudieron originarse a partir de sistemas químicos moleculares controlados termodinámicamente, que al alcanzar un elevado nivel de complejidad se transformaron en estructuras disipativas ordenadas, capaces de autorregularse a costa de consumir materia y energía, para mantenerse además alejados del equilibrio termodinámico, es decir, mantenerse vivos.

La teoría de las estructuras disipativas como explicación del origen y naturaleza de la vida, es de matiz holista. Los organismos vivos cumplen las condiciones para ser considerados estructuras disipativas, habiendo podido surgir las primeras entidades vivas como una propiedad emergente a partir de moléculas prebióticas complejas que se autoorganizaron. Además de los seres vivos, en la naturaleza existen una gran variedad de ejemplos de estructuras disipativas, incluso en el ámbito de la materia inanimada, como son los procesos de formación de cristales de sales inorgánicas a partir de soluciones o las corrientes oceánicas de agua caliente, en las que los componentes de la materia (los cristales o el chorro de agua caliente) se autoorganizan, ordenándose a costa de desordenar el entorno global.

☛ **El modelo de sistema autoorganizador basado en las teorías de las estructuras disipativas y de la complejidad, constituye una visión coherente que proporciona argumentos científicos sólidos al origen de la vida, en consonancia** con el carácter impredecible de las propiedades emergentes. Está reconocido por un amplio número de científicos que consideran la vida como una propiedad emergente del mundo fisicoquímico, que posteriormente se desarrolla en un proceso de evolución biológica regido por la autoorganización y la selección natural. A diferencia de la evolución biológica, que es una característica de los seres vivos con numerosas y concluyentes evidencias científicas, las teorías sobre el origen abiótico de la vida, especialmente la transformación de diversas moléculas complejas en un organismo vivo, no se ha evidenciado científicamente, por lo que a pesar de los sólidos fundamentos científicos en que pueden sustentarse, no dejan de ser teorías.

El proceso de abiogénesis

Formación de moléculas en la atmósfera

En el marco de las teorías sobre las transformaciones de la materia, la secuencia del proceso que dio lugar a los primeros seres vivos a partir de la materia inorgánica, la única que existía en la Tierra tras su formación, cae dentro del terreno de la química, más concretamente en el de la bioquímica. El periodo de la Tierra en que no existía todavía la vida, conocido como periodo prebiótico, se supone que se inició una vez estabilizado el planeta y cuando se dieron las condiciones necesarias para que comenzasen de manera sostenible las transformaciones de la materia terrestre. La etapa prebiótica pudo tener una duración máxima de 400 Ma, entre el ultimo bombardeo de meteoritos hace 3.900 Ma y el periodo del que se tiene constancia de la existencia de los primeros seres vivos, en torno a hace 3.500 Ma.

La formación de las primeras moléculas orgánicas tuvo lugar en la atmósfera primitiva de nuestro planeta, donde se supone que existían diversas moléculas de carácter inorgánico compuestas cada una de ellas por dos o tres elementos CHON, en un medio gaseoso muy apropiado para facilitar el contacto entre dichas moléculas, condiciones que posibilitaron la síntesis de los primeros compuestos de naturaleza orgánica en la Tierra. Ni los océanos primitivos, donde existían únicamente dos de los citados elementos, el hidrógeno y el oxígeno, formando parte de una molécula muy estable como es el agua, ni la superficie terrestre, donde el único elemento CHON en cantidades apreciables era el oxígeno, componente esencial de minerales también muy estables del tipo de los silicatos, reunían las condiciones propicias para la emergencia de los primeros compuestos orgánicos.

La atmósfera terrestre es el medio físico cuya composición más ha cambiado desde la formación del planeta, mucho más que la corteza y los océanos, existiendo menos evidencias sobre su composición primitiva. Apenas formada, la atmósfera debía parecerse bastante a las nubes de gas interestelar que constituyeron el sistema solar, abundantes en hidrógeno molecular junto a cantidades menores de compuestos gaseosos de este mismo elemento, como el metano (CH_4) o el amoniaco (NH_3), además del otro elemento primordial, el helio. Se supone que la composición de la atmósfera primitiva fue transformándose al disminuir en gran medida las proporciones de los dos gases primordiales, extremadamente volátiles en las condiciones de la Tierra y que fueron sustituidos por otras moléculas que se supone ya existían en las nubes de gas interestelar o atrapadas en el interior de la corteza terrestre y que afloraron como consecuencia de la actividad volcánica.

Aunque no se conoce con seguridad la mezcla de moléculas gaseosas que formaban la cambiante atmósfera primitiva, existen indicios suficientes para suponer que tenía carácter reductor. Según Oparin debía contener vapor de agua (H_2O), metano (CH_4), amoniaco (NH_3), junto con cantidades menores de sulfuro de hidrógeno (SH_2), así como hidrógeno (H_2) y nitrógeno (N_2) en forma molecular, a los que Haldane añadía óxidos de carbono (CO y CO_2) emitidos por las erupciones volcánicas. Estos compuestos gaseosos formaban una atmósfera con un marcado carácter de *efecto invernadero*, que se supone que en aquel periodo contribuyó a calentar la superficie de la Tierra, compensando la menor radiación que recibía del Sol[77], respecto a la situación actual.

☛ La mezcla en la atmósfera de los compuestos gaseosos inorgánicos mencionados, que contienen entre 2 y 5 átomos de elementos CHON, activada por la energía aportada por las frecuentes tormentas y la radiación recibida del Sol, se supone que iniciaron hace más de 4.000 Ma el camino evolutivo de la materia terrestre, al facilitar las reacciones químicas que dieron lugar a la formación de un número limitado de moléculas orgánicas sencillas, del tipo de **ácido cianhídrico**, **ácidos orgánicos**, **aminas**, **amidas**, **urea** y, lo más importante, biomoléculas del tipo de **azúcares** y **aminoácidos**.

Como el contenido de vapor de agua de la atmósfera primitiva era muy elevado, se produjeron lluvias torrenciales según se iba enfriando el planeta, haciendo que las moléculas orgánicas formadas, que eran relativamente pesadas para mantenerse en suspensión en la atmósfera, acabaran depositándose sobre

[77] Se supone que hace 4.500 Ma el Sol tenía el 70 % de la luminosidad actual.

la superficie terrestre, siendo mejor recibidas en zonas húmedas y océanos[78] que en los continentes. Se supone que todos los lugares con suficiente humedad constituyeron auténticos laboratorios donde proliferaron las reacciones químicas de formación de moléculas orgánicas cada vez más complejas. Oparin acuñó el término «sopa primitiva» para denominar estas zonas húmedas, donde se fueron concentrando las moléculas orgánicas formadas.

El experimento de Miller

El espaldarazo más importante a esta primera fase del modelo Oparin-Haldane llegó en 1952, cuando el químico estadounidense Stanley Miller en su tesis doctoral realizó el icónico experimento que demostró la posibilidad de formación de compuestos orgánicos en la atmósfera primitiva, a partir de moléculas gaseosas inorgánicas. Para ello preparó, en una instalación de laboratorio en circuito cerrado, una atmósfera exenta de oxígeno libre, compuesta por una mezcla de cuatro gases: vapor de agua, hidrógeno, amoniaco y metano. Miller sometió a continuas descargas eléctricas la mezcla de dichos gases simulando los rayos de las tormentas, recogiendo los productos de las reacciones en una solución acuosa, donde se identificaron *ácido cianhídrico* y diversos compuestos orgánicos del tipo de *formaldehido*, *ácido fórmico*, *ácido acético*, *acetileno*, *urea*, así como algún *aminoácido* como la glicina. Posteriores análisis de la disolución original, utilizando equipos más avanzados, permitieron identificar otros aminoácidos adicionales.

---

[78] A diferencia de la escasez extrema de moléculas existentes en el espacio (página 110), un centímetro cúbico de agua de mar contiene una cifra de 19 dígitos de moléculas.

FORMACIÓN COMPUESTOS PREBIOTICOS EN LA TIERRA

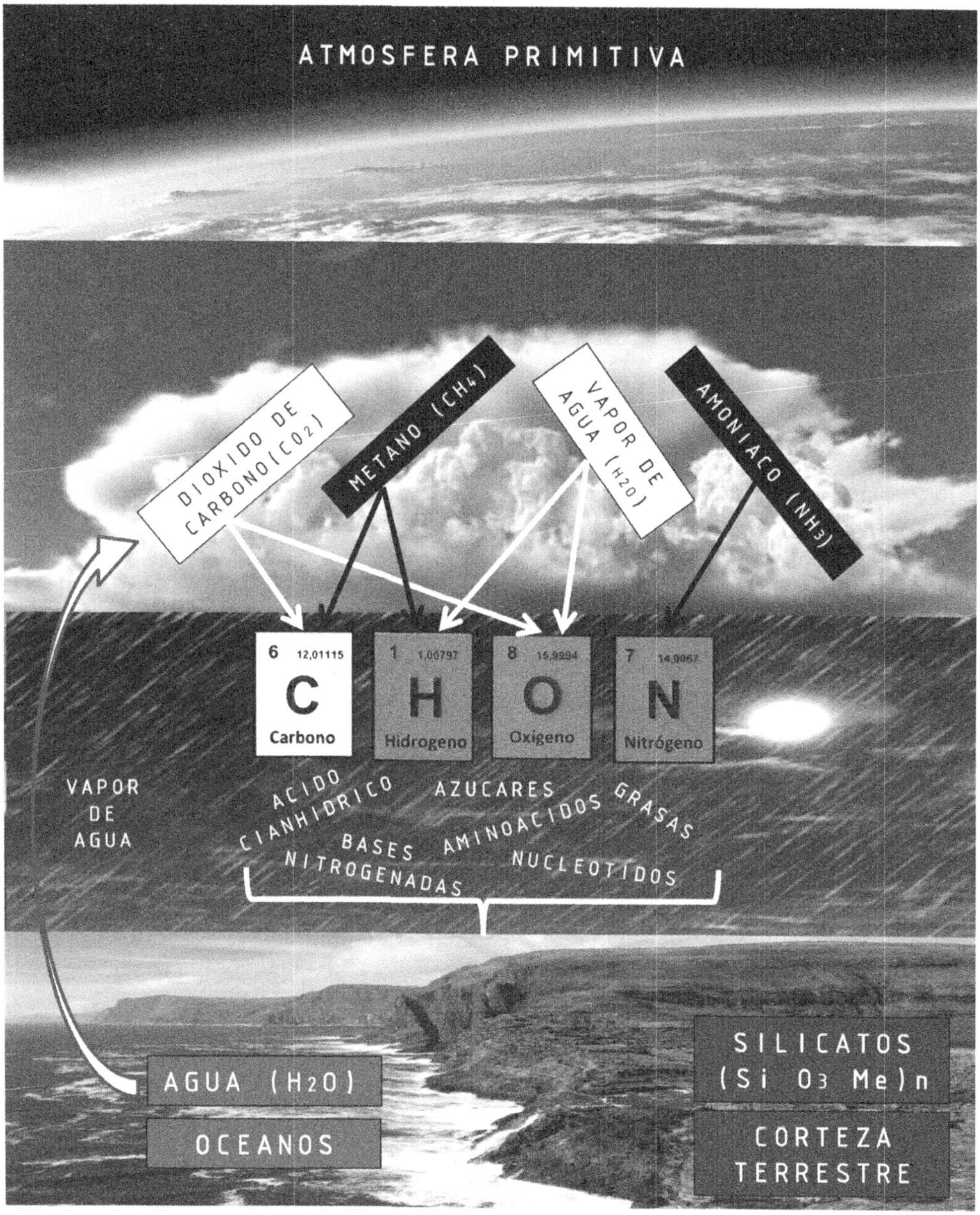

La presencia de óxidos de carbono en los gases que se supone formaban parte de la atmósfera terrestre, como compuestos alternativos o complementarios al metano para el aporte de carbono necesario para los compuestos orgánicos, tiene un efecto relevante al dar un carácter menos reductor a dicha atmósfera, haciendo disminuir la cantidad y variedad de moléculas orgánicas formadas, principalmente las de aminoácidos que se limitaban a la glicina. Una de las conclusiones, a la vista de los resultados, era que en caso que la atmósfera primitiva tuviese un acentuado carácter reductor debido a la ausencia de óxidos de carbono, las moléculas prebióticas pudieron formarse en su totalidad en la Tierra; por el contrario, si la atmósfera era menos reductora debido a la presencia de los oxido de carbono, parece que una parte de las moléculas prebióticas debieron tener origen extraterrestre, pudiendo haber llegado a nuestro planeta transportadas por meteoritos u otro tipo de asteroides.

☛ Los resultados del experimento de Miller, pese a las incertidumbres derivadas de no conocerse con certeza la composición de la atmósfera primitiva, tuvieron un importante impacto científico e incluso social. Como ocurrió cuando Darwin expuso su teoría de la evolución un siglo antes, se volvieron a mezclar datos científicos y creencias, mientras que desde la perspectiva de la ciencia las posturas iban desde los decepcionados que esperaban la síntesis de moléculas más complejas, hasta los más optimistas que consideraban que la existencia de aminoácidos prácticamente demostraba el origen abiótico de la vida en la Tierra. En cualquier caso, supusieron el pistoletazo de salida a mediados de los años 1950 de una serie de programas de investigación, centrados en la síntesis abiótica de moléculas complejas que componen los organismos vivos.

Síntesis de biomoléculas

Dentro de los programas de investigación iniciados tras el experimento de Miller, el bioquímico español Joan Oró sintetizó en el laboratorio a partir de ácido cianhídrico la adenina, una de las cuatro bases nitrogenadas del ADN, así como la desoxirribosa y ribosa, azúcares componentes del ADN y del ARN, respectivamente. Estos resultados y otros similares apoyaban la teoría de que las moléculas orgánicas simples habrían podido convertirse gradualmente en moléculas más complejas, como es el caso de los ácidos nucleicos. Las otras bases que componen el ADN se lograron sintetizar a escala de laboratorio ya en la década de 1960, a partir también del ácido cianhídrico y de algunos de sus derivados. El formaldehido es un compuesto orgánico importante al tener una gran capacidad para formar polímeros, jugando un papel fundamental en la síntesis de las bases nitrogenadas del ADN. Experimentos *in vitro* han demostrado que las bases nitrogenadas (adenina, guanina, citosina y timina o uracilo), que son las letras del código genético, podían sintetizarse en la Tierra en condiciones abióticas, así como los 22 aminoácidos que forman parte de los seres vivos.

Otros experimentos realizados a escala de laboratorio muestran que las moléculas orgánicas formadas en la atmósfera y depositadas en océanos y zonas húmedas, debieron de reaccionar posteriormente en medios favorables, como las charcas donde debido a la radiación solar podían tener lugar evaporaciones frecuentes, o bien en yacimientos termales, en los que existen rocas con abundantes metales (hierro, cobre, cobalto, manganeso,...) que habrían actuado como catalizadores[79] de dichas reacciones, acelerando los procesos químicos. El hecho es que se llegaron a

[79] Sustancias que aceleran la velocidad de una reacción química, aunque sin participar en ella.

formar en una primera fase los compuestos orgánicos equivalentes a las biomoléculas monoméricas, del tipo de *glúcidos, lípidos, aminoácidos* y *nucleótidos*.

Formación de polímeros complejos

Los monómeros que forman las biomoléculas se unieron con otras moléculas, llegando a formar largas cadenas de polímeros, entre los que destacan las cuatro familias principales ya descritas anteriormente: los *polisacáridos*, azúcares de los que se obtiene energía de uso inmediato por los seres vivos, los *lípidos o grasas*, reservas de energía a largo plazo, las *proteínas* compuestas por aminoácidos que forman una gran variedad de materiales estructurales y funcionales de los seres vivos, y los *ácidos nucleicos* que resultan de la polimerización de los nucleótidos, componiendo el código genético que es el manual de instrucciones de los seres vivos. Existe todavía un nivel superior de complejidad estructural y funcional de la materia orgánica/biológica que es el constituido por agregados de biopolímeros, como los formados por proteínas y ácidos nucleicos, que ya podían albergar un amplio catálogo de propiedades funcionales. Destacan entre ellos los *ribosomas* (macromoléculas de proteínas y ARN cuya, función es sintetizar proteínas a partir de la información contenida en el ADN) o los *cromosomas* (macromoléculas de proteínas y ADN, que contienen la información genética de un ser vivo), entre otras.

De entre las muchas funciones de los seres vivos, destacan tres esenciales para la vida, que debían poseer las moléculas complejas de los primeros organismos vivos:

- La individualidad, al ser los seres vivos entidades individuales con unos límites espaciales que las separan del entorno donde habitaban. Determinadas moléculas proteicas o lípidos con capacidad para aislar parcialmente entornos moleculares, pueden actuar como membranas semipermeables[80], convirtiéndose en glóbulos cerrados o vesículas que permiten aislar otras moléculas, al tiempo que pueden intercambiar de manera selectiva materiales con el medio que las rodea. La membrana de las células vivas, desarrolladas posteriormente, permite tanto la entrada de alimentos necesarios, como la salida de desechos.

- La capacidad para interaccionar con el medio ambiente, con objeto de proveerse de energía y materiales de reposición que satisfagan sus necesidades vitales, lo que constituye el metabolismo de los seres vivos. Elementos esenciales del metabolismo son los catalizadores biológicos denominados enzimas, que aceleran los procesos metabólicos de los seres vivos, o bien las moléculas del tipo de la *clorofila* que absorben la energía de la radiación del sol transformándola en energía química, directamente utilizable por los seres vivos. Al igual que en el caso anterior, son las moléculas complejas de tipo proteínico los candidatos ideales para realizar esta función.
- Por último, la capacidad de reproducción para perpetuar las especies vivas, basada en sistemas moleculares del tipo de los ácidos nucleicos. La molécula de ARN presentaba importantes ventajas para esta función, añadiéndose su capacidad para actuar como enzima.

Además de las moléculas dotadas de estas funciones, que serían esenciales para los primeros seres vivos, existe todo un catálogo de otras importantes funciones disponibles a partir de moléculas

[80] La formación de membranas está relacionada con la existencia de moléculas complejas denominadas anfílicas, uno de cuyos extremos es miscible en un medio acuoso mientras que otro lo es en un medio graso.

complejas, como por ejemplo poder absorber gases como óxidos de carbono[81] o el oxígeno[82], compuestos esenciales para los procesos biológicos de los seres vivos.

La materia cuasi-viva

Se supone que las moléculas complejas podían interaccionar entre ellas, llegando a formar entidades materiales que todavía no reunían las características esenciales para ser consideradas como seres vivos, pero que disponían de algunas funciones vitales. A estas entidades se hace referencia genéricamente como protocélulas, basadas principalmente en las tres funciones indicadas en el apartado anterior, aunque todavía con mucho margen de mejora. Es probable que se formasen diferentes tipos de protocélulas con actividad durante periodos cortos, para acabar decayendo al ser estructuras moleculares más próximas a los sistemas químicos que a los organismos vivos.

Sobre la manera y el orden de acoplamiento o integración de las mencionadas funciones protocelulares, existen un abanico de teorías basadas en experimentos de laboratorios, que consideran diferentes vías de formación de las protocélulas que pudieron originar los primeros organismos vivos. Una de las teorías de mayor aceptación sostiene que la vida comenzó a formarse en torno a las moléculas de ARN, por su versatilidad para realizar diferentes funciones, como almacenar la información genética o poder actuar como una enzima, además de originar proteínas. Terminada la fase protocelular, el ARN habría sido sustituido por el ADN, menos versátil pero más eficaz y segura para alma-

[81] Base de la función clorofílica en las plantas.

[82] Base de la respiración aerobia en todos los organismos vivos.

cenar la información genética, debido a la mayor estabilidad de su doble hélice.

☛ En noviembre de 2013 el biólogo norteamericano Jack Szostak, Nobel de medicina en 2009, construyó una **protocélula** en un envoltorio de ácidos grasos, de características más sencillas que la más simple de las bacterias actuales, y que contenía ARN capaz de copiarse a sí mismo, aunque de una manera todavía imperfecta. La autorreplicación es quizás la propiedad de los seres vivos que está más próxima a ser conseguida en el laboratorio, a partir de protocélulas.

Un fenómeno que emergió en el periodo prebiótico tardío fueron los virus, partículas de muy pequeño tamaño que infectan las células de los seres vivos, estando constituidos por fragmentos de información genética. Los virus tienen un solo objetivo que es su propia replicación dentro de las células vivas en las que habitan, comportándose como seres vivos únicamente dentro de la materia infectada por ellos, al carecer de dos funciones básicas de la vida como son la replicación y un metabolismo propio. La mayoría de los científicos no los consideran organismos vivos, sino parásitos obligados con muchas similitudes con las protocélulas prebióticas. La aparición de los primeros virus constituyó un hecho de gran importancia ecológica, por su influencia en la evolución posterior de los organismos vivos, como prueban diferentes investigaciones genéticas.

Las moléculas se rebelan

Imaginemos una charca poco profunda de agua caliente en la Tierra de hace 4.000 Ma., algo así como un balneario prebiótico donde se encontraban plácidamente tomando el sol un conjunto de moléculas de elevada complejidad, que formaban parte de la élite de las moléculas orgánicas que habitaban nuestro planeta. A diferencia de otras moléculas menos complejas, ellas poseían capacidades para realizar diferentes funciones, disponiendo de membranas semipermeables que les permitían seleccionar con cuales otras moléculas se relacionaban, o los compuestos que les permitían absorber energía química o solar, e incluso algunas de ellas podían replicarse a sí mismas.

Las obedientes moléculas interactuaban entre ellas (reaccionaban químicamente), cuando entraban en contacto y se daban las condiciones necesarias en el medio donde se encontraban, dependiendo de factores como sus concentraciones relativas o la temperatura. En cualquier caso, el conjunto molecular obedecía sin rechistar las leyes de la termodinámica que rigen las reacciones químicas y que inexorablemente, más pronto que tarde, acabarían conduciendo a los sistemas químicos de los que formaban parte, a un estado de equilibrio, situación que llevaba consigo el cese de sus actividades.

Pero aquel día un grupo de estas moléculas complejas, quizás lideradas por las moléculas de ARN con capacidad para realizar diversas funciones (replicarse, fabricar proteínas o mejorar la velocidad de determinadas reacciones químicas), iniciaron un tímido proceso de colaboración u organización entre ellas más allá de los límites de la química, proceso que comenzó con el aprovisionamiento por las moléculas metabólicas de energía utilizable por el conjunto molecular. El sistema formado fue progresivamente acentuando la colaboración entre sus componentes moleculares, logrando que la incipiente estructura formada funcionase lejos del equilibrio termodinámico.

Originada por el azar, por la necesidad o vaya usted a saber por qué, el hecho es que dicha colaboración dio lugar a que las moléculas fuesen integrando de manera cada vez más sostenida otras funciones, coordinándose entre ellas hasta llegar a convertirse en un conjunto molecular auto-organizado.

Sin que se conozca en detalle cómo, el conjunto molecular de naturaleza química se había transformado en un mecanismo biológico, delimitado espacialmente por las moléculas-membranas y en cuyo interior las moléculas-metabólicas se ocupaban de aprovisionar de materia y energía al conjunto molecular, para que éste pudiera mantenerse en funcionamiento lejos del temido equilibrio termodinámico. El ARN realizaba labores catalíticas de apoyo y replicación para reponer material (proteínas) o bien para llevar a cabo la replicación de la entidad viva recién formada. La nueva situación pudo resultar para el sistema molecular más atractiva que la perspectiva de un inexorable cese de cualquier actividad, en caso que hubiesen continuado actuando como sistemas químicos independientes.

Puede ser que fuese la primera vez o quizás el grupo de rebeldes moléculas ya habían intentado con anterioridad alejarse del paralizador equilibrio termodinámico, consiguiéndolo durante periodos más o menos cortos, aunque finalmente acabasen atraídas inexorablemente por el hipnotizante estado de equilibrio, probablemente al no poder garantizar el suministro continuo de materia y energía que necesitaban.

Lo importante es que aquel día el conjunto molecular logró dar el salto transformándose de manera definitiva en un organismo biológico, manteniendo una continua aportación de materia y energía que le permitía continuar con sus funciones biológicas recién desarrolladas, permaneciendo en el territorio de la

irreversibilidad. En el momento que el conjunto molecular químico logró garantizar de manera sostenible su supervivencia y replicación, sin prácticamente darse cuenta se había transformado en un ser vivo (biológico).

En las condiciones oxidantes de la atmósfera presente de la Tierra, resulta bastante improbable que pudiese haber tenido lugar la *evolución química* de la materia, que sucedió en nuestro planeta durante el periodo prebiótico de alrededor de 400 Ma, cuando a partir de unos pocos compuestos inorgánicos sencillos existentes en la atmósfera, constituidas por los cuatro elementos CHON, se llegaron a formar una variedad de moléculas orgánicas de elevada complejidad que dieron lugar a la formación del primer ser vivo. Las condiciones oxigénicas de la atmósfera actual no habrían permitido la formación y evolución de la materia orgánica hasta la complejidad alcanzadas en el periodo prebiótico, debido a la facilidad de oxidación de dicha materia.

La aparición de organismos vivos puso punto y final al periodo en que las moléculas orgánicas complejas eran la forma más evolucionada de la materia en la Tierra. El paso evolutivo de un conjunto de moléculas al primer organismo unicelular pudo ser gradual o bien producirse súbitamente, probablemente después de un gran número de intentos frustrados, desconociéndose incluso si la vida apareció en una o varias formas distintas. En cualquier caso, supuso la emergencia de la biología a partir de la química orgánica.

El ancestro de todos los seres vivos

Charles Darwin intuyó hace casi dos siglos que la gran diversidad de especies vivas actuales desciende de una única forma de vida primordial o ancestro común. Esta intuición ha sido confirmada posteriormente por numerosos vestigios paleontológicos y, sobre todo, por el descubrimiento más reciente del código genético común para todos los seres vivos, sean unicelulares o pluricelulares, vegetales o animales. De acuerdo con esa certeza y a pesar de las especies que pueden haberse extinguido en épocas pasadas, partiendo de la multiplicidad de organismos vivientes actuales y retrocediendo en el tiempo, los datos genéticos permiten identificar ancestros comunes cada vez menos evolucionados, hasta llegar a un único organismo del que descendemos todos los seres vivos de la Tierra. El resultado es un árbol de la vida (árbol filogenético) en que los seres vivos más evolucionados forman las ramas superiores del árbol, mientras que en la parte inferior del tronco se situaría el primer ser vivo o ancestro común universal, denominado LUCA por su acrónimo inglés (*Last Universal Common Ancestor*). Las raíces del árbol la formarían las moléculas complejas, cuya interacción posibilitó la emergencia del primer ser vivo.

LUCA se supone que fue un organismo unicelular sencillo, sin núcleo definido y morfológicamente similar a los microorganismos procariontes[83] actuales. Nuestro grandísimotarabuelo LUCA probablemente disponía de todas las moléculas poliméricas necesarias –ácidos nucleicos, proteínas, glúcidos, lípidos–, así como de un pequeño manual de instrucciones para su autosostenibilidad, escrito para un número muy bajo de genes, posiblemente menos de 600, que le permitían asumir unas funciones vitales básicas, sin excesos. Esta cifra queda lejos de los 25.000 genes del ser humano, que son aproximadamente los mismos que posee el ratón y bastante menos que el arroz, lo que lleva a sospechar que no es el número de genes el único factor

---

[83] Organismos unicelulares que no tienen núcleo, donde poder almacenar su material genético.

que determina el nivel evolutivo de un ser vivo[84]. Se cree que vivió entre 600 y 800 Ma después de la formación de la Tierra, siendo el primer ser vivo consolidado. Puede ser que hayan existido seres vivos con diferentes códigos genéticos, anteriores o coetáneos de LUCA, que habrían acabado extinguiéndose.

Los vestigios de las entidades vivas más antiguas que se conocen prueban que la vida tiene como mínimo 3.500 Ma, edad de la formación de unas estructuras rocosas existentes en Sudáfrica y Australia llamadas estromatolitos, compuestas por microorganismos llamados cianobacterias y por carbonato cálcico, originado por la actividad metabólica de dichas bacterias. Otros supuestos alargan el origen de LUCA hasta hace 4.000 Ma, periodo que establece el límite superior de la emergencia de la vida. Puede ser que LUCA viviese en zonas húmedas de la superficie terrestre, donde disponía de aportes de componentes gaseosos e hidrotermales ricos en metales, o bien en charcas donde una arcilla, denominada montmorillonita dotada de un amplio abanico de propiedades, pudo tener un papel decisivo en el desarrollo del código genético.

☛ **Todos los organismos vivos que existen actualmente sobre la Tierra, cuyo número de especies diferentes no se conoce, aunque podría estar comprendido entre 5 y 50 millones, son descendientes de LUCA. A partir del ancestro común, se sabe fehacientemente que cualquier ser vivo proviene de otro precedente.**

[84] Un mayor número de genes de una especie viva respecto a otra no significa necesariamente que el tamaño de su genoma, que se mide en Megabases (Mb), sea también mayor.

A pesar de que una teoría de amplia aceptación sostiene que LUCA podía haber sido una comunidad de especies que intercambiaban sus genes, la opinión más generalizada supone que era un organismo unicelular con metabolismo anaeróbico, no necesitando por tanto respirar oxígeno, adaptándose a una atmósfera que contenía una escasa proporción o nada de dicho elemento. Una vez formados los primeros organismos unicelulares, las actividades metabólicas de los mismos fueron recayendo sobre moléculas del tipo de las proteínas y las actividades reproductoras en la molécula de ADN, menos versátil aunque más especializada que el ARN para realizar dichas funciones, y por lo tanto más eficaz y segura para almacenar la información genética, debido a la mayor estabilidad química de su doble hélice.

☛ A partir del alumbramiento de LUCA, la célula constituye la unidad básica de los organismos vivos, con un rol similar al de los átomos respecto a las moléculas.

El proceso retrospectivo en que partiendo de la diversidad de organismos vivos actuales permite identificar los ancestros comunes de especies intermedias cada vez menos evolucionadas, hasta llegar a una única entidad singular de la que descendemos todos los seres vivos del planeta, presenta ciertas similitudes con respecto a la teoría de formación de la materia primordial. En este último proceso, retrocediendo en el tiempo a partir de la materia compleja, ya en el campo de la materia inerte se llegaría a otra singularidad que Lemaître denominó *átomo primigenio,* con un rol equivalente al de la *célula o ser primigenio* llamado LUCA.

EMERGENCIA DE LA VIDA: LUCA, EL PRIMER SER VIVO
NH3
DIOXIDO DE CARBONO
HIDROGENO
CO2
CH4
AMONIACO
METANO
MOLECULAS COMPLEJAS
NH3
H2

VII) La evolución biológica

De LUCA a las células modernas

Mecanismos evolutivos

La primera teoría sobre la evolución de los seres vivos fue enunciada a principios del siglo XIX por el naturalista francés Jean-Baptiste de Lamarck, quien consideraba que los organismos evolucionan durante procesos muy largos en los cuales van pasando de formas más simples a otras más complejas que se suponen más avanzadas, hasta culminar en los seres humanos. Según Lamarck, los órganos de los seres vivos se van transformando de acuerdo con su uso, de manera que aquellos que se utilizan con profusión permanecen y se refuerzan, mientras que los órganos que no se usan llegan a desaparecer.

Charles Darwin presentó pruebas definitivas sobre la evolución de los seres vivos, basadas en los datos recogidos en su célebre viaje alrededor del mundo en el bergantín Beagle. Darwin publicó en 1859 su obra más importante «El origen de las especies» en la que demostraba que la diversidad de los seres vivos es el resultado de un largo proceso natural de transformación y adaptación de tipo evolutivo. La obra tardó más de 20 años en publicarse, debido principalmente a las dudas que su contenido suscitaba en las creencias del propio autor.

El darwinismo fue la primera teoría evolutiva establecida partiendo de un enfoque científico, que se basa en un mecanismo con dos fases sucesivas: en primer lugar la variación o *mutación aleatoria* de un carácter hereditario en un organismo vivo, que puede ser causada por diversos motivos en general ligados al azar, siendo los más frecuente los errores de replicación de los organismos vivos. A esta primera fase le sigue un proceso de *selección natural*, que determina si la mutación es favorable o no para el devenir de la especie, para lo que tiene que pasar el examen que le somete el medio ecológico en donde habita el ser vivo que muta. Una mejora en la supervivencia de la especie equivale a una mayor descendencia de la estirpe del individuo mutante, lo que significa que la mutación es ventajosa para la especie y por tanto el ser mutante aprueba el examen, de manera que su estirpe permanece. La situación contraria suele conllevar la desaparición de la estirpe de los individuos mutantes.

Este mecanismo biológico que mezcla un primer paso regido básicamente por el azar (mutación), seguido por un proceso de selección natural más próximo al determinismo y que constituye el tamiz para que finalmente la mutación se perpetúe o desaparezca, constituye un ejemplo en el que la naturaleza conjuga azar y necesidad para llevar a cabo sus planes evolutivos.

Cuando Darwin publicó su teoría evolutiva no había despuntado todavía la genética, conociéndose muy poco sobre los factores que regulan la herencia biológica. Una suposición generalizada que entonces existía era que los caracteres mutados se iban diluyendo progresivamente al mezclarse con los caracteres de otros progenitores, llegando a desaparecer su efecto en pocas generaciones. Este era uno de los puntos débiles del darwinismo.

En la segunda mitad del siglo XIX el monje austro-checo Gregor Mendel, experimentando con semillas de guisantes descubrió que los caracteres hereditarios se encuentran en «unidades de herencia», que se trasmiten a las generaciones posteriores según determinadas reglas. A estas unidades las llamó *genes*, estando formadas por segmentos de ADN. Los descubrimientos de Mendel tomaron especial relevancia ya en el siglo XX, siendo el complemento de las teorías de Darwin para dar lugar al nacimiento de una nueva disciplina científica derivada de la Biología denominada Genética, que conoció un desarrollo espectacular a lo largo del siglo pasado.

☛ La combinación de las ideas darwinianas de cambios evolutivos graduales, con los descubrimientos de Mendel sobre la estabilidad y reglas de transmisión genética, originaron una teoría de consenso denominada **neodarwinismo**, ampliamente aceptada por la comunidad científica para explicar la evolución de los seres vivos como resultado de cambios en los genes a lo largo del tiempo. El relato neodarwinista de la evolución se basa en procesos de cambios puntuales, de manera que la evolución global de cada especie es la suma de todos los procesos evolutivos puntuales. Las transformaciones de los organismos vivos están fuertemente influenciadas por las condiciones medioambientales, a las que deben adaptarse.

La tendencia de la materia a autoorganizarse y la selección natural, esta última tal como se considera en las teorías neodarwinistas, son conceptos complementarios que aparecen como motores de la evolución biológica. La primera de ellas es en realidad una precondición general necesaria para que un sistema físico o biológico complejo pueda evolucionar, dándose tanto en la materia inanimada como en la materia biológica, mientras que la segunda solamente ocurre en los organismos vivos.

De una manera general la evolución biológica es un proceso que parte de unos organismos unicelulares muy simples (eucariontes) –aunque formados a partir de moléculas muy complejas– que se transforman en organismos pluricelulares de elevada complejidad, tanto en su composición como en sus funciones, como puede ser el caso de los mamíferos superiores. Estos últimos precisan un mayor grado de autoorganización para mantener su mayor orden, pudiendo decirse que *son más evolucionados.*

Existen otros mecanismos que permiten el intercambio de información genética entre organismos, generalmente unicelulares, que en definitiva contribuyen a la transformación y evolución de dichos organismos:

- la *transferencia genética horizontal,* consistente en el intercambio de material genético entre organismos unicelulares, diferente de la transmisión vertical de ADN entre padres e hijos. Este mecanismo ha demostrado ser un factor importante en la evolución de determinados microorganismos, siendo un ejemplo del mismo el intercambio de información genética entre bacterias, estando en el origen de fenómenos como la transmisión de la resistencia de dichos organismos a los antibióticos.
- la *recombinación del ADN*, mecanismo en que una parte de un gen que se ha roto se une a un nuevo ADN de un organismo distinto, de manera que la información genética procedente del ADN original queda incorporada en el del organismo receptor. Este último mecanismo juega un papel importante en la reparación y mantenimiento del genoma de las especies.

Como consecuencia de estas transmisiones *horizontales*, que se añaden a la herencia *vertical* de los progenitores de los seres vivos, el árbol de la vida adopta modificaciones que lo hacen parecerse más a una red de seres vivos.

Organismos innovadores

Los descendientes de LUCA se diversificaron en dos linajes procariotas, Bacteria y Archea, organismos bastante simples en cuanto a lo limitado de sus funciones, pero cuya resistencia y adaptabilidad a las condiciones existentes en la Tierra primitiva se ponen de manifiesto por el hecho de que sus descendientes directos continúan habitando entre nosotros casi 4.000 Ma después de su aparición, sin que sus características fundamentales hayan variado sustancialmente.

Se sabe muy poco sobre los mecanismos que utilizaban las primeras células procariotas descendientes de LUCA, para garantizar el suministro de energía y materia necesarias para mantenerse vivos. Puede ser que la energía la absorbiesen directamente del Sol o de determinados compuestos (orgánicos o inorgánicos), mientras que las necesidades de carbono para fabricar biomoléculas podían satisfacerse a partir de moléculas orgánicas que pudieran existir en el medio o directamente a partir del CO_2 inorgánico. Lo más probable es que los organismos procariontes exploraran diferentes metabolismos anaerobios, en consonancia con el carácter anoxigénico de la atmósfera primitiva, y tratasen de aprovechar la energía del Sol según un abanico bastante amplio de posibles estrategias metabólicas, sin que exista consenso respecto a este complejo tema relativo a las células procariotas, que fueron los únicos pobladores de la Tierra durante 2.000 Ma, que es más de la mitad del periodo de existencia de los seres vivos.

La vida no debía ser fácil para nuestros diminutos antepasados, de manera que determinados especímenes se lanzaron a desarrollar nuevas funciones con objeto de mejorar su autosuficiencia. Por su relevancia sobresalen dos transformaciones evolutivas que tuvieron lugar en el linaje de las bacterias: la fotosíntesis y la respiración aerobia.

La ecuación química más importante de los seres vivos

Existe una ecuación que engloba y simboliza dos reacciones químicas diferentes, ambas de importancia fundamental para el mantenimiento de los seres vivos, como son los procesos de fotosíntesis oxigénica y de respiración aerobia.

$$\textit{Agua } (H_2O) + \textit{Dióxido de carbono } (CO_2) = \textit{Azúcar } (CH_2O)n + \textit{Oxígeno } (O_2)$$

No se trata de un equilibrio químico, ya que como se ha indicado los procesos biológicos operan alejados del equilibrio termodinámico. Ambas reacciones tienen lugar en diferentes condiciones, órganos y especies de seres vivos; de hecho, en los animales y hongos no tiene lugar la fotosíntesis.

1) La FOTOSÍNTESIS OXIGÉNICA es el proceso de generación de la materia biológica (azúcares) necesaria para las plantas. El proceso tiene lugar en el sentido en que está escrita la reacción, de izquierda a derecha. La absorción de energía solar por bacterias dotadas de moléculas de clorofila hace que tenga lugar la reacción de dos compuestos inorgánicos fácilmente disponibles en la biosfera, el dióxido de carbono y el agua, permitiendo a las bacterias sintetizar materia biológica.

2) La RESPIRACIÓN es el mecanismo general de obtención de energía por los seres vivos, llevándose a cabo en la reacción de sentido contrario a la anterior (de derecha a izquierda). La combustión del azúcar con el oxígeno da lugar a la formación de dióxido de carbono y agua, liberando cantidades importantes de energía (equivalente a la energía de la luz solar absorbida durante la fotosíntesis), que los organismos autótrofos[85], como son las plantas y algas, utilizan para satisfacer sus necesidades metabólicas.

---

[85] Organismos que fabrican su propio alimento mediante la fotosíntesis

La función clorofílica o fotosíntesis se desarrolló hace más o menos 3.500 Ma, facilitando que un grupo de bacterias[86] comenzasen a fabricar de manera endógena las biomoléculas necesarias para sus organismos, a partir de la energía solar y el dióxido de carbono (CO_2), recursos ampliamente disponibles en la atmósfera terrestre primitiva. El primer mecanismo desarrollado fue la *fotosíntesis anoxigénica*, utilizado por bacterias que disponían de moléculas de clorofila para sintetizar biomoléculas a partir de sulfuro de hidrógeno (SH_2), liberando azufre al medio ambiente. El proceso tenía lugar mediante la captación por la bacteria de energía solar, que se almacenaba en los enlaces de los azúcares formados en las reacciones fotosintéticas. Algunos cientos de millones de años más tarde, otro tipo de bacterias (cianobacterias), optimizaron el proceso de fabricación de biomoléculas al utilizar el agua, mucho más disponible que cualquier compuesto de azufre, liberando a la atmósfera oxígeno molecular en lugar de azufre.

Pero el potencial innovador de las bacterias no se limitó a la fabricación de las biomoléculas, sino que dichos organismos comenzaron a aprovechar el oxígeno molecular, que comenzaba a acumularse en la atmósfera terrestre como resultado de la fotosíntesis oxigénica. El oxígeno es la base de las reacciones de combustión de la materia orgánica o biológica, reacciones que liberan cantidades importante de energía para consumo de los seres vivos. De hecho, los organismos vivos que utilizan procesos de respiración aeróbica tienen importantes ventajas evolutivas respecto a los de respiración anaeróbica, al ser los procesos aeróbicos más eficaces desde el punto de vista energético, por proporcionar mayores tasas metabólicas[87]. La combustión es una manera eficaz

[86] Bacterias que disponían de un pigmento llamado bacterioclorofila, precursor de la clorofila de las plantas actuales.

[87] Velocidad de reacción de los combustibles (compuestos orgánicos), liberando la energía necesaria para mantener activas las células de los organismos vivos.

de que los seres vivos que respiran oxígeno (respiración aerobia) obtengan energía, originada a partir de carbohidratos que ellos mismos forman, en el caso de los vegetales, o bien que incorporan a partir de los alimentos ingeridos, en el caso de los animales.

Para las cianobacterias, los procesos de fotosíntesis y respiración eran un negocio redondo, que les permitía fabricar biomoléculas a partir de unos recursos inagotables y fácilmente accesibles (radiación solar, agua y dióxido de carbono), mientras que la respiración oxigénica les permitía de una manera eficaz la obtención de la energía necesaria para sus funciones vitales, mediante reacciones de combustión de moléculas de azúcares, utilizando un recurso que comenzaba a convertirse en inagotable, como es el oxígeno molecular.

Pero como suele ocurrir en toda innovación, tenían que vencer la resistencia que, lógicamente, debieron oponer una mayoría de nuestros diminutos ancestros, que eran de respiración anaerobia en consonancia con las condiciones de ausencia de oxígeno en la atmósfera de aquel entonces. El cambio a una atmósfera de carácter oxidante a la que no estaban adaptados, constituía una seria amenaza para la supervivencia de la mayoría de los antiguos organismos procariontes, a pesar de las incontestables ventajas de tipo metabólico que dicho cambio ofrecía. Las cianobacterias disponían de las moléculas necesarias para poder respirar oxígeno, moléculas que posteriormente formaron las mitocondrias en los organismos unicelulares más evolucionados, con las innegables ventajas competitivas (evolutivas) que se abrían ante la perspectiva de un aumento progresivo del oxígeno en la atmósfera. Los organismos vivos fueron evolucionando para adaptarse de manera progresiva a la respiración aerobia, con la finalidad de mejorar su metabolismo. Si las cianobacterias hubiesen podido patentar el mecanismo global fotosíntesis/respiración aerobia, seguramente se habrían forrado.

☛ A pesar de que, como ya se ha indicado, la simplicidad funcional de los organismos procariontes les daba una mayor versatilidad para adaptarse a un medio ambiente muy cambiante, como prueba el hecho que dichos organismos pueblan todavía la Tierra en forma de seres unicelulares, al mismo tiempo limitaba su capacidad para originar cambios evolutivos de mayor calado. Esos cambios fueron posibles por las oportunidades que se abrieron, a partir de las mencionadas innovaciones que las bacterias desarrollaron, facilitando que surgiera un nuevo tipo de células con mayor potencial para la evolución y que son la base de todos los organismos superiores actuales: las células eucariotas.

Células eucariotas

Hace algo más de 2.000 Ma se originó un tercer linaje de organismos unicelulares denominados eucariontes, a partir de los únicos organismos existentes, los procariontes. Su característica fundamental es disponer de un *núcleo celular* diferenciado, donde se encuentra confinado el valioso material genético, que en las células procariotas se encontraba disperso. El modelo de organización de las células eucariotas es mucho más complejo que el de las células procariotas.

Endosimbiosis en serie

La bióloga estadounidense Lynn Margulis, rescatando teorías de finales del siglo XIX, propuso en la década de 1960 un mecanismo evolutivo de formación de las células procariotas que consistía en varias etapas. La sorprendente teoría de la *eucariogénesis* de Margulis sostiene que los tres orgánulos internos más característicos de las células eucariotas –el núcleo celular[88], las mitocondrias[89] y los cloroplastos[90]– se habrían formado por un mecanismo denominado endosimbiosis en serie. Según dicha teoría, los tres orgánulos se supone que proceden de bacterias dotadas de determinadas funciones, que se considera fueron fagocitadas (tragadas) o, según otras versiones, se instalaron como especies de *okupas* en el interior de los organismos unicelulares procariontes, que acabaron transformándose en células eucariotas.

De acuerdo con dicho mecanismo, la bacteria fagocitada y la célula hospedante conseguían ventajas evolutivas para ambas partes, situación que en biología se denomina *simbiosis.* Al estar prácticamente intactas, se supone que las bacterias fagocitadas mantenían sus funciones en el interior de las células hospedantes, beneficiándose de un refugio seguro, mientras que las células fagocitadoras incorporaban nuevas funciones que poseían las bacterias tragadas, mejorando la autosostenibilidad del conjunto. Con el tiempo las bacterias fagocitadas fueron perdiendo su identidad, quedando finalmente incorporadas como orgánulos dentro de las células hospedantes.

El mecanismo general de la endosimbiosis en serie, que recuerda al juego digital del «comecocos», se supone que comenzó originando el núcleo de la nueva célula eucariota,

---

[88] Orgánulo que contiene confinado dentro de la célula el material genético formado por moléculas de ADN.

[89] Orgánulos celulares responsables de la respiración aerobia.

[90] Orgánulos celulares responsables de la fotosíntesis.

a partir de un organismo procarionte –una bacteria– tragado por otro organismo procarionte. La membrana de la bacteria engullida, que proporcionaba el material genético (ADN) al conjunto, se convertía en la membrana del núcleo celular del nuevo organismo, de manera que quedaba separado del resto de material celular del organismo formado, que se supone era todavía anaerobio.

Las mitocondrias se formaron posteriormente, al fagocitar el organismo unicelular que disponía de núcleo, y que por tanto ya podía denominarse *eucarionte*, a una bacteria respiradora de oxígeno libre, posibilitando la respiración aeróbica del conjunto celular eucariota. El núcleo celular y las mitocondrias seguramente formaban parte del ancestro común de todos los organismos eucariontes denominado LECA (*Last Eucariotyc Common Ancestor)*, del cual provienen los modernos organismos unicelulares eucariontes y los organismos pluricelulares desarrollados con posteridad, como animales y hongos, donde se sitúa la especie humana, de manera que sería también un ancestro común de los humanos, un par de miles de millones de años más joven que LUCA. A pesar de ser aerobio, LECA tuvo que ser el ancestro también de los organismos anaerobios actuales, al existir pruebas de que prácticamente todas las células eucariotas contienen mitocondrias.

La tercera fase de la endosimbiosis en serie tuvo lugar en un organismo eucarionte que ya respiraba oxígeno, cuando se zampó a una bacteria fotosintética dando lugar a la formación de los cloroplastos, orgánulos capaces de sintetizar la energía procedente del Sol. De estos últimos eucariontes descienden todas las plantas, organismos decisivos en la formación y mantenimiento de la atmósfera actual, a la que aportan un flujo continuo de oxígeno molecular.

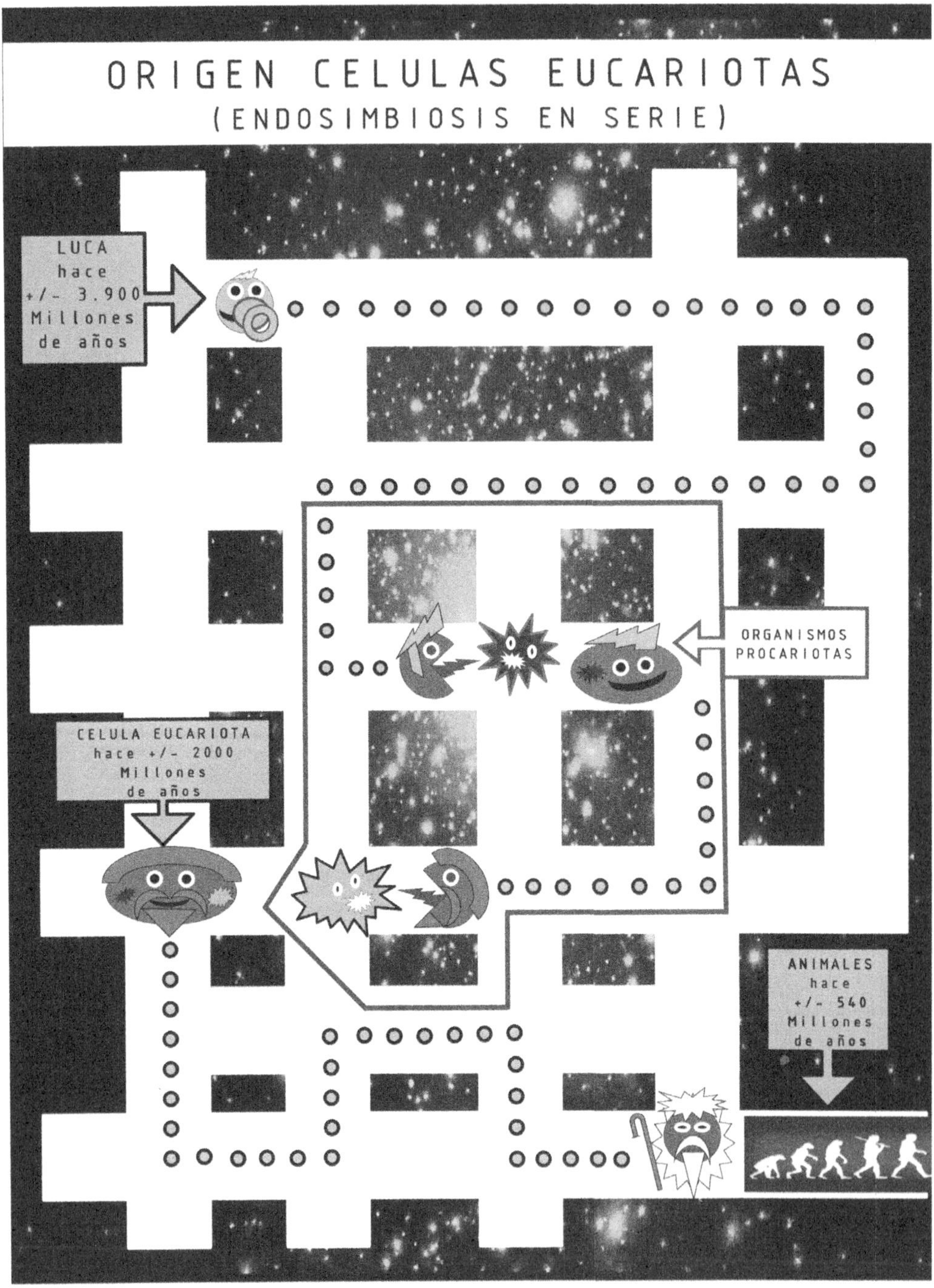
ORIGEN CELULAS EUCARIOTAS
(ENDOSIMBIOSIS EN SERIE)
LUCA hace +/- 3.900 Millones de años
ORGANISMOS PROCARIOTAS
CELULA EUCARIOTA hace +/- 2000 Millones de años
ANIMALES hace +/- 540 Millones de años

☛ Las **células eucariotas** tienen un volumen entre 10.000 y 100.000 veces mayor que las procariotas y son también más complejas, pues su genoma equivale a una voluminosa enciclopedia de decenas de tomos, en comparación con una obra de bolsillo que sería el genoma de las procariotas. Las transformaciones que originaron el linaje de los organismos eucariontes fueron determinantes para el devenir de la vida en la Tierra, debido a las mayores capacidades de este tipo de células que componen todos los organismos pluricelulares, para afrontar nuevos retos evolutivos.

Organismos pluricelulares

Pluricelularidad

Una de las transformaciones evolutivas de mayor importancia protagonizada por las células eucariotas, fue originar organismos pluricelulares dotados de funciones biológicas de mayor potencial para continuar con los procesos evolutivos. La pluricelularidad (o multicelularidad) es una propiedad que se supone emergió hace alrededor de 2.000 Ma, a partir de mecanismos colaborativos en colonias o grupos de organismos unicelulares del linaje eucariota, que acabaron integrándose entre ellos, realizando funciones más avanzadas que las que podían llegar a alcanzar como organismos unicelulares. Para la llegada de los primeros seres pluricelulares individuales hubo que esperar todavía más 1.000 Ma de años.

La pluricelularidad supuso un avance evolutivo de importancia capital para los seres vivos, al conseguirse asociar células del mismo tipo mediante un comportamiento fisiológico coordinado, dando lugar a los tejidos, materiales biológicos constituidos por un conjunto complejo y organizado de células, que dispone de mayor capacidad que las células aisladas para que emerjan nuevas propiedades. La pluricelularidad dio lugar a la formación de las primeras plantas y animales, en los que por asociación de diversos tejidos surgen los órganos, que son estructuras encargadas de diferentes funciones en el seno de los organismos pluricelulares. La función que caracteriza un órgano determinado es también una propiedad emergente, originada por la unión de los tejidos que componen dicho órgano. La complejidad biológica de los órganos se encuentra en un nivel de organización superior a los tejidos e inferior a la de un sistema de órganos, del que surgen los individuos u organismos pluricelulares de distintas especies.

☛ Los **organismos pluricelulares** únicamente existen en los reinos formados por los *animales*, las *plantas* y los *hongos*, todos ellos pertenecientes al linaje de los organismos eucariontes. El resto de dichos organismos, así como todos los que forman los linajes procariontes de las arqueas y las de bacterias, continúan siendo seres unicelulares.

Un importante avance evolutivo de los seres pluricelulares fue dotarse de la reproducción sexual, basada en orgánulos surgidos en determinados organismos unicelulares eucariontes hace algo más de 1.000 Ma, que dieron lugar posteriormente en los organismos pluricelulares a células reproductivas llamadas *germinales*, con características diferenciadas del resto de células, denominadas *somáticas*. La reproducción sexual presenta algunas desventajas, principalmente relacionadas con la necesidad de darse entre dos individuos de distinto género, a diferencia de los organismos unicelulares que no necesitan reproducirse por parejas. Sin embargo, sus ventajeas evolutivas son incuestionables: una vez transmitido el material genético, los progenitores (que son los que disponen de las células somáticas que originan la reproducción) pueden desaparecer sin que se ponga en peligro la continuidad de la especie. De esta manera se garantiza una mayor variabilidad a la especie, que en definitiva redunda en una mejor adaptación a los cambios ambientales. Hasta la emergencia de la reproducción sexual, el mecanismo utilizado por las células procariotas para reproducirse era la *división celular,* de manera que cada célula se dividía en dos organismos iguales sin que existiese una célula madre y otra célula hija. Mediante la división celular, la materia viva que forma los organismos procariotas se ha ido perpetuando sin límites, al ser el mismo material que se va dividiendo sucesivamente.

☛ Se podría considerar que la materia que forma los organismos unicelulares procariontes es inmortal, al ser la misma que por división origina los nuevos individuos, sin que ningún organismo desaparezca en el proceso de replicación. Una de las supuestas *desventajas* de la reproducción sexual es que los progenitores, una vez transmitido sus genes, dejan de ser necesarios para la continuidad de la especie, circunstancia que lleva asociada la muerte de dichos progenitores como algo inevitable. Es el precio que las especies pluricelulares (menos del 15 % de la biodiversidad actual) debemos pagar por ser de tamaño mayor que una célula.

La ruta hacia la consciencia

La propiedad característica que marca el nivel más elevado de evolución de los seres vivos en la Tierra, se considera que es la consciencia o reconocimiento que tenemos los seres humanos de nuestra propia existencia, sin que el resto de los organismos lo posean de manera plena. El camino evolutivo que llevó a la emergencia de esta capacidad coincide con la evolución de la especie humana, tema tradicionalmente controvertido por la alta estima que los humanos tenemos de nosotros mismos. Cuando Charles Darwin publicó su obra fundamental sobre el origen de las especies y la evolución biológica, el alboroto que se organizó a nivel científico acabó extendiéndose a determinados estamentos sociales y religiosos, a quienes resultaba infumable que los monos y los humanos pudieran estar emparentados biológicamente. Como sucede frecuentemente con los descubrimientos paradigmáticos, los implacables críticos pasaron por alto la minuciosidad y rigurosidad científica del estudio que había realizado el naturalista inglés para llegar a esa conclusión, lanzándose directamente a la yugular a causa de que dicho parentesco entre humanos y simios era percibido como un ataque a sus creencias, que todavía contenían una fuerte dosis de antropocentrismo.

Los propios trabajos de Darwin y, sobre todo el espectacular desarrollo de la genética, no dejan lugar a dudas, obligándonos a revisar la galería de nuestros antepasados, ya que la gran mayoría de fotografías o cuadros que pudieran ser expuestos, corresponderían a organismos unicelulares que poblaron la Tierra de manera exclusiva durante alrededor de 3.000 Ma. Una eternidad en comparación con el corto periodo de existencia del homo sapiens moderno, de una antigüedad de tan solo 0,2 Ma (200.000 años).

La galería podría iniciarse incluso con nuestros *ancestros moleculares prebióticos*, esas pocas moléculas gaseosas de carácter inerte de la atmósfera primitiva que originaron los primeros compuestos orgánicos formados por los elementos CHON y que contenían unos pocos átomos de carbono. A partir de las mismas, unos cientos de millones de años más tarde se llegaron a formar los polímeros de elevada complejidad, que dieron lugar a la emergencia de LUCA, prolífico ancestro común que muy pronto generó dos linajes de células procariotas: arqueas y bacterias, cuya descendencia unicelular todavía pulula por nuestro planeta.

En el mundo de microorganismos unicelulares procariotas sería complicado identificar los antepasados del ser humano, retomando el hilo con el ya mencionado ancestro común del linaje de los eucariontes, LECA, dotado potencialmente de nuevas e importantes funciones como la pluricelularidad y la reproducción sexual, que se desarrollarían en sus descendientes unos cientos de millones de años más tarde. Nuestros abuelos lejanos no dejaron de ser seres unicelulares hasta el ancestro común de animales y hongos que se supone era un *bicho* que pudo existir hace más de 900 Ma. De sus descendientes derivó el ancestro común de los animales hace alrededor de 750 Ma, todavía un organismo unicelular, aunque con numerosos genes relacionados con la pluricelularidad. Hasta el momento de la separación de las líneas evolutivas de animales y vegetales, parece evidente que los ancestros de ambos tipos de organismos eran comunes. En otras palabras, somos primos de los vegetales, eso sí, algo más lejanos que de los monos.

Los fósiles más antiguos de animales pluricelulares se sitúan entre 750 y 550 Ma respecto a la época actual, siendo animales marinos similares a medusas, gusanos, esponjas y corales, con tamaños entre 1 cm y algo más de 1 metro, que habitaban en aguas poco profundas o zonas costeras. En la línea genética de dichos animales se encuentra el filo de los cordados, peces primitivos dotados de una espina dorsal y un esqueleto cartilaginoso, donde se engloba el subfilo de los vertebrados, que forman parte de nuestros antecesores pluricelulares más antiguos. Dentro de los cordados vertebrados primitivos se sitúan especies de peces como el *Astrapis*, que carecía de aletas y mandíbulas y cuyos descendientes sufrieron un proceso de mineralización del esqueleto cartilaginoso que dio lugar a los huesos. El tejido óseo les permitía soportar su propio peso fuera del agua, de manera que evolucionaron hasta convertirse en animales capaces de vivir en tierra firme, formando la clase de vertebrados denominados anfibios. Estos animales primitivos desarrollaron extremidades, a modo de órganos de desplazamiento sobre superficies rígidas, transmitiendo este avance a sus descendientes, la clase de los reptiles primitivos.

Hace unos 300 Ma, de los reptiles surgieron dos ramas, una más antigua donde están incluidos los mamíferos y otra más moderna que dio origen a los modernos reptiles y aves. A pesar de lo que pudiera parecer, los reptiles actuales (lagartos, serpientes, cocodrilos, tortugas,) son más *modernos* desde el punto de vista evolutivo que la clase de los mamíferos, animales estos últimos de sangre caliente, con pelo y glándulas mamarias que producen leche para la alimentación de sus crías. El antepasado común de los mamíferos se sitúa en torno a hace 250 Ma, habiéndose ramificado hace 85 Ma la orden de los primates, caracterizados por tener cinco dedos en unas extremidades que suelen ser largas, un patrón dental común y ojos situados en la parte frontal de la cabeza. La morfología de los primates denota su adaptación a la vida en los árboles.

De los primates surgió hace 35 Ma la suborden de los simios superiores, que a diferencia de los simios inferiores no tienen cola, estando incluida en dicha suborden la familia de los homínidos (*hominidae*), según clasificaciones más modernas, en la que se encuentran los ancestros de la estirpe humana, junto a sus parientes más próximos como los gorilas y los chimpancés, especies estas últimas que clasificaciones anteriores consideraban que se habían separado del linaje de los seres humanos con anterioridad, pero que recientes estudios y datos genéticos confirman una mayor proximidad en el tiempo. El grupo más cercano de la especie humana es el de los chimpancés, cuyo genoma se diferencia del nuestro en apenas un 1,24 % del mismo, siendo la última especie que tuvo un tronco común con los humanos. De dicho tronco común surgió hace aproximadamente 7 Ma la subfamilia de los homininos o humanoides, que incluye especies más próximas a la humana, que se extinguieron sin dejar descendientes. De esta subfamilia surge el género homo, caracterizado físicamente por caminar erguido sobre dos patas (bipedismo), posición que libera los miembros superiores para otras funciones, y por el crecimiento del cerebro. Ejemplos de este género son el *homo erecto*, el *homo antecesor* o el *homo sapiens neandertal*.

☛ **De acuerdo con la línea genealógica del ser humano, evidenciada principalmente por la genética, somos primos hermanos de los monos, primos lejanos de las plantas y la mayor parte de nuestros antepasados fueron organismos unicelulares.**

El ser consciente

El homo sapiens sapiens, especie de la que formamos parte, surgió en África a partir del género *homo* hace tan solo 200.000 años, siendo su característica fundamental el aumento importante del tamaño del cerebro, que facilitó el posterior desarrollo de una amplia variedad de capacidades cognitivas. El tamaño del cerebro ha pasado de un volumen aproximado de 450 centímetros cúbicos (cc) en los *australopitecos* que vivieron hace más de 3 Ma, a los 750 cc en los *neandertales* de hace 400.000 años y a los 1.150 cc de nuestros ancestros *sapiens* 50.000 años atrás, hasta alcanzar un volumen en promedio de 1.350 cc en la raza humana actual. Asociado a este crecimiento, aparecen las primeras evidencias del desarrollo del lenguaje simbólico, representado en pinturas de hace 75.000 años, mientras que la escritura surgió hace, más o menos, 5.000 años.

☛ Según la lógica evolucionista emergentista, del mismo modo que la vida emergió de la materia inerte, la consciencia humana surgió de animales no conscientes, como consecuencia del aumento progresivo del tamaño del cerebro y de la mayor complejidad alcanzada por la materia y las interacciones de determinados tejidos, que propiciaron el desarrollo de nuevas capacidades cognitivas, relacionadas con nuevos patrones de organización de la propia materia biológica. Dichas capacidades, que componen la mente humana, son algo más que la simple la suma de las funciones de las neuronas y lóbulos que interactúan en el cerebro y en el conjunto del cuerpo, constituyendo un paso más en la evolución biológica.

El cerebro, además de regular las funciones corporales básicas como la respiración o los latidos cardiacos, es el soporte biológico principal de las funciones cognitivas, como el pensamiento o la memoria, que entre otras componen lo que se denomina la mente. Las conexiones neuronales se sitúan en cuatro áreas conectadas entre sí llamadas lóbulos, responsables de las diferentes funciones cognitivas específicas (visión, lenguaje,...), que no están localizadas en áreas determinadas del cerebro, sino que son sistemas de varias unidades cerebrales interconectadas, que trabajan en red. La transmisión de la información por todo el cuerpo se realiza por medio de las neuronas, células nerviosas que pueden ser de tipo sensorial, motor o interneuronal. El funcionamiento del cerebro requiere un consumo importante de energía, que corresponde al 20 o 25 % del metabolismo basal del ser humano.

Determinadas capacidades desarrolladas por el hombre como son la habilidad para solucionar problemas, la adaptación a diferentes condiciones o las aptitudes sociales, se pueden encontrar de manera más rudimentaria en la conducta de otras especies animales, como los pulpos, ballenas, delfines, simios, hormigas, abejas y un largo etcétera, que dan prueba de actuaciones inteligentes de los animales, aunque a un nivel mucho más rudimentario. El tamaño del cerebro puede haberse desarrollado debido a factores como las características de la alimentación del ser humano, pero sus capacidades están sobre todo relacionadas con sus conexiones sinápticas[91].

El rápido crecimiento del cerebro de nuestra especie, sobre todo del cerebro del feto humano, ha dado lugar a que el parto en la especie humana sea más problemático que en el caso de otros primates. El periodo de 9 meses de gestación del ser humano resulta de una duración insuficiente para que en el momento del parto se haya completado el desarrollo de las funciones cerebrales[92] a un nivel equivalente a otros simios, para lo cual el embarazo humano debería durar entre 18 y 21 meses. Este periodo relativamente largo en la vida humana, daría lugar además a partos de elevado riesgo para madre e hijo, debido al tamaño comparativamente grande que tendría el cerebro del recién nacido. La duración del periodo de gestación corresponde a un compromiso entre un parto menos arriesgado y un desarrollo mínimo de las funciones neuromotrices y cognitivas, que el recién nacido completa durante los primeros años de vida, razón por la cual los humanos necesitan en esta etapa una mayor protección y aprendizaje, en comparación con las crías de otros primates.

Los parámetros que potencian el desarrollo de la mente de la especie humana son, entre otros, el lenguaje, la educación y las relaciones sociales, habiendo crecido de manera notable

---

[91] Transmisión de impulsos nerviosos electicos o químicos, entre una célula emisora de la señal (normalmente una neurona) y una célula receptora (de tipo hormonal o muscular).

[92] La capacidad cerebral al nacer es del 25 % respecto a la del cerebro totalmente desarrollado, a la edad de 45 años.

la importancia de estas últimas en décadas pasadas. Recientes desarrollos en el terreno de las neurociencias otorgan una importancia cada vez mayor a las emociones en el comportamiento humano, diseñado para reaccionar emocionalmente a los desafíos. Las emociones preceden a los sentimientos, de manera que los sentimientos originados por emociones como la tristeza, la alegría, el pánico o el enfado, activan zonas específicas del cerebro.

Al igual que en cualquier teoría emergentista, la mayor dificultad para la ciencia es explicar cómo procesos bioquímicos dan lugar a propiedades emergentes; en el caso específico de la consciencia, habría que determinar cómo se originan las actividades psicológicas a partir de procesos cerebrales de carácter fisicoquímico.

Niveles biológicos de la materia

Aunque toda la materia existente en nuestro planeta está compuesta por los mismos átomos que constituyen los elementos del sistema periódico, en la Tierra primitiva la química se diversificó a nivel de formación de moléculas, al emerger de dichos átomos comunes unos procesos químicos que tienen como piedra angular al carbono, junto con sus tres compañeros *chonetes* (hidrógeno, oxígeno y nitrógeno), comenzando a formar moléculas de naturaleza orgánica, que no existían en el planeta recién formado y eran cada vez más complejas. La *evolución química* de la materia prebiótica se restringe a moléculas formadas básicamente por dichos elementos CHON, pudiendo considerarse cuantitativamente marginal la participación del resto de elementos químicos. El hecho es que las moléculas complejas que se fueron formando lentamente de manera espontánea en la Tierra, llegaron a establecer relaciones más allá de las reacciones químicas, dando lugar a la emergencia de nuevas propiedades, entre ellas la propia vida, hecho que dio lugar al comienzo de la *evolución biológica* de la materia que forman los organismos vivos.

Los cambios evolutivos de los organismos primitivos, con el propósito de alcanzar una mayor autosuficiencia y mejor adaptación a las condiciones medioambientales, fueron a su vez el origen de profundas transformaciones del medio donde se instaló la vida, la biosfera. La atmósfera pasó de no contener oxígeno en sus orígenes, a tener un carácter netamente oxidante en la actualidad, mientras que una parte importante de los propios organismos vivos, las plantas, comenzaron a fabricar de manera endógena su propia materia biológica.

La célula es la unidad fundamental de la materia de los organismos vivos, situándose en la pirámide en el nivel inmediatamente superior al de las moléculas. Aunque la materia biológica continúa haciéndose más compleja, como lo prueba el proceso de formación del cerebro humano, la aparición de nuevas funciones en los seres vivos se fundamenta sobre todo en las nuevas relaciones que se establecen entre la propia materia biológica, esto es, entre las células, bien como organismos unicelulares o como parte de los seres pluricelulares. En el caso de los organismos pluricelulares, las células se organizan en tejidos y órganos con cometidos específicos, participando también en las funciones de dichos seres un gran número de organismos unicelulares, por ejemplo, los que habitan en los seres pluricelulares, constituyendo auténticos ecosistemas, en el sentido más amplio del término. Parece evidente que el ser humano ocupa el peldaño más elevado de la pirámide, al menos en la Tierra, en base al criterio de que la materia biológica humana es la más compleja y probablemente la más organizada, al haber dado lugar a la emergencia de propiedades como la consciencia, que le permite preguntarse sobre su origen y su destino, a diferencia de cualquier otro ser que pueda existir en nuestro planeta.

Pero la materia no siempre se transforma de menor a mayor complejidad, sino que existen procesos en los que realiza un recorrido inverso al avance general de la evolución, al moverse en sentido descendente en la pirámide, pudiendo pasar de mayor a menor complejidad. No es que la evolución tenga marcha atrás, sino que, al acabar los ciclos de *funcionamiento* de determinadas estructuras materiales, como puede ser el ciclo vital de los organismos vivos, la materia compleja (biopolímeros) se descompone, convirtiéndose en formas materiales más sencillas, que pueden reciclarse. La muerte biológica de los organismos vivos es un ejemplo ilustrativo, en que se ponen en marcha procesos de descomposición a distintos niveles de los órganos y tejidos que forman los organismos pluricelulares. Los encargados de llevar a cabo estos procesos de descomposición, suelen se otros organismos vivos con capacidad para metabolizar los biopolímeros. A los procesos de descomposición biológica le siguen otros que tienen lugar mediante reacciones químicas, que al final pueden llegar a originar moléculas inorgánicas mucho más pequeñas y estables, como el dióxido de carbono o el agua, productos típicos de las reacciones de oxidación de la materia biológica. En cualquier caso, el nivel más sencillo de la materia que se puede alcanzar mediante este tipo de procesos descendentes, es el correspondiente a los átomos.

Todo ello evidencia que en la Tierra los átomos y las moléculas se están reciclando continuamente, en un circuito cerrado que incluye todo el planeta. Teniendo en cuenta el fabuloso número de átomos que componen el cuerpo humano[93] y el dinamismo transformador de los elementos CHON, no resulta improbable que una cierta parte de los átomos de nuestro cuerpo hayan pertenecido a personajes célebres, a fieras salvajes o a sólidos árboles. Pero no hay que hacerse demasiadas ilusiones, pues, aunque un ser humano tuviese en su composición mil millones de átomos que hubiesen formado parte del cerebro de Max Planck, este

[93] Un número de 27 cifras (¡mil billones de billones!).

número de átomos no es suficiente para formar siquiera una neurona, por lo que no se puede tener muchas esperanzas de que esa persona tuviese un conocimiento innato de la compleja mecánica cuántica, cuyas bases estableció dicho personaje.

No se conocen a ciencia cierta procesos involutivos en los que la materia llegue a descomponerse más allá de los átomos, volviendo al estado de nucleones (protones y neutrones) e incluso partículas elementales (quarks). Lo que más se aproximaría a esta situación, son los procesos que se supone pueden ocurrir en el interior de los ya mencionados agujeros negros, donde la materia sufriría una presurización muy intensa, que podría acarrear su descomposición en las partículas más pequeñas que la forman.

Estos escenarios involutivos conectan con las teorías sobre la fase final del universo, ya reseñadas del gran desgarro (*Big Rip*), de la muerte térmica del universo (Teoría de la gran congelación o *Big Freeze*) o de la gran implosión (*Big Crunch*). En cualquier caso, estos escenarios no están contrastados y solamente podrían suceder a muy largo plazo, no existiendo razones para inquietarse todavía.

VIII) Evidencias sobre la evolución de la materia

Formación y transformaciones de la materia subatómica

Como ya se ha indicado, la condición esencial para que las teorías y modelos fisicomatemáticos sobre las transformaciones de la materia se puedan considerar científicas es su verificación experimental, de tal manera que los datos teóricos obtenidos a partir de modelos desarrollados basados en teorías, deben coincidir con los resultados de medidas realizadas sobre la propia materia transformada.

Teniendo en cuenta que las condiciones que se considera que existían en los momentos que siguieron al Big Bang son irreproducibles, los aceleradores de partículas son los instrumentos más apropiados para validar, en mayor o menor medida, la formación y el comportamiento de las partículas elementales, así como de los protones y neutrones. Para detectar determinadas partículas ha sido necesario ir a buscarlas en lejanos lugares del universo, donde pueden darse las condiciones para que se pongan de manifiesto.

En los procesos en que están implicados átomos y moléculas, las verificaciones más consistentes conllevan la aplicación de técnicas analíticas, en sus distintas modalidades. Las primeras teorías y modelos sobre la composición química de la materia del universo, desarrolladas principalmente en la década de 1940 por Gamow y colaboradores, fueron validadas posteriormente en base a la información obtenida a partir de la luz procedente de estrellas y galaxias.

Análisis de la materia por espectrometría

La luz visible es una forma de energía, que junto con otros tipos de radiaciones existentes (cósmica, gamma, rayos X, ultravioleta, visible, infrarroja, microondas y ondas de radio) componen el llamado espectro de radiación electromagnética. La intensidad de cualquier forma de energía incluida en dicho espectro, se caracteriza por una magnitud denominada longitud de onda[94], de manera que cuanto mayor es la longitud de onda, menor es la intensidad de la radiación. Dentro del espectro de radiación electromagnética existe un gradiente de intensidad de energía que va desde los valores más elevados, que corresponden a la radiación cósmica, hasta la energía de menor intensidad (menos peligrosa) que son las ondas de radio.

La luz recibida de las estrellas o de cualquier tipo de materia espacial, permite conocer su composición y características utilizando la técnica analítica denominada espectrometría, basada en la emisión o absorción de energía que tiene lugar en la corteza electrónica de los átomos de la materia analizada. La energía

[94] O por la *frecuencia,* que es el valor inverso de la longitud de onda.

emitida o absorbida es específica para cada elemento químico, algo así como el DNI de dicho elemento, permitiendo conocer la composición del cuerpo o sustancia que emite o recibe la radiación, así como valiosa información complementaria sobre otras variables fisicoquímicas de la materia. Para ello hay que descomponer la radiación (luz) recibida, mediante cristales apropiados que transforman el haz de luz de un determinado elemento en una colección de líneas luminosas[95], que constituyen su espectro de emisión o de absorción. Un ejemplo cotidiano de un espectro lo constituye la luz del Sol al descomponerse cuando atraviesa las gotas de lluvia, que actúan a modo de cristales, formando el arco iris.

La utilización conjunta de telescopios que llevan incorporados espectroscopios constituye la fuente de información más importante sobre la materia de las estrellas y del espacio en general, permitiendo conocer su composición química, temperatura, condiciones de gravedad y presión, e incluso el estado de movimiento de dichos cuerpos. Las técnicas espectrométricas aplicadas a la radiación espacial han permitido conocer en la década de 1980 la composición química de la materia del universo, confirmando las predicciones realizadas cuarenta años antes por G. Gamow y colaboradores, a partir del modelo desarrollado por ellos mismos que forma parte de la teoría del Big Bang.

Pero además de la validación por análisis químico de la evolución de la materia que compone el universo, existen otras evidencias científicas no menos importantes que soportan el modelo cosmológico:

[95] Caracterizadas por su longitud de onda (o su frecuencia).

- El universo está expansionándose desde su origen, como demostró el astrónomo Hubble a finales de los años 20 del siglo pasado, al analizar la luz de varias galaxias y constatar que los desplazamientos al rojo[96] de sus espectros se correlacionaban con el incremento de las distancias de las galaxias respecto a la Vía Láctea. La ley de Hubble sobre la expansión del universo no deja lugar a dudas que las distancias que separan las galaxias aumentan con el tiempo.
- La radiación denominada fondo cósmico de microondas, que constituye la huella de los primeros momentos del universo, fue prevista también por Gamow, entre otros, como una consecuencia necesaria del Big Bang. Su descubrimiento 20 años más tarde de su predicción supuso la prueba definitiva para el modelo cosmológico del Big Bang, permitiendo confirmar aspectos esenciales del mismo, entre ellos la edad y los ingredientes del universo.

Las mayores dudas del relato evolutivo de la materia en sus primeros niveles se centran en torno al origen de la misma. Una de las incertidumbres más relevantes es el conocimiento de la causa que supuestamente permitió que no se aniquilara toda la materia y antimateria, generadas mediante el mecanismo de fluctuación del vacío cuántico. A este respecto existen hipótesis que postulan que la antimateria, complementaria de nuestra materia visible, continúa existiendo en el universo aunque se desconoce dónde y cómo, mientras que la teoría más extendida, igualmente especulativa, se centra en el desequilibrio o cantidad de pico que había entre ambas materias y permitió que subsistiese la parte no neutralizada de la materia. La teoría de la infla-

---

[96] Cuando la longitud de onda del espectro de una fuente de luz se desplaza al rojo (disminuye su energía) puede significar que la luz se aleja del observador.

ción cósmica, por razones diferentes relacionadas con la dificultad intrínseca de poder ser validada científicamente, permanece formalmente como teoría.

Química prebiótica

Se ha probado mediante procesos de síntesis química y bioquímica a nivel de laboratorio, la viabilidad de los procesos espontáneos de transformación que iniciaron en la atmósfera original de la Tierra unas pocas moléculas de naturaleza inorgánica y nada complejas, hasta llegar a convertirse en moléculas poliméricas de elevada complejidad.

El experimento de Miller permitió verificar la factibilidad de la emergencia de la química orgánica a partir de la química inorgánica, en las condiciones que se suponen existían en la atmósfera terrestre primitiva, demostrando las posibilidades de la síntesis abiótica de los denominados «ladrillos de la vida», que son sobre todo las moléculas de aminoácidos y nucleótidos, que junto con los azúcares y grasas son las unidades que forman las largas moléculas de biopolímeros.

Una de las principales incertidumbres del relato sobre la evolución química de la materia es que no se conoce con certeza la composición de la atmósfera primitiva, de la que se ha comprobado mediante verificaciones principalmente de tipo geológico que no contenía oxígeno libre.

En los años transcurridos desde el experimento de Miller hasta principios del siglo XXI, se ha logrado sintetizar, a partir de los mencionados «ladrillos», una amplia variedad de moléculas poliméricas complejas similares a las que componen los seres vivos. Es razonable considerar que la materia prebiótica pudo recorrer de manera espontánea durante un periodo de alrededor de 400 Ma, ese camino transformador.

Como se ha indicado, debido al carácter oxidante de la atmósfera actual, las reacciones bioquímicas de síntesis de moléculas complejas únicamente tienen lugar en los propios seres vivos, siendo una de las razones que dificulta encontrar vestigios fósiles sobre unos procesos que pudieron tener lugar hace 4.000 Ma. Sin embargo, este hecho permite confirmar que cualquier ser vivo proviene de otro precedente.

Origen del primer ser vivo

Junto con el origen de la materia, es el fenómeno que menos evidencias presenta. Se conoce de manera fehaciente que en la Tierra ya existían organismos vivos hace 3.500 Ma, en base a los fósiles de estromatolitos encontrados, que con otros vestigios fósiles más recientes permiten situar el origen de la vida hace 4.000 Ma, como máximo.

El desciframiento del código genético, lenguaje biológico común para todos los organismos de la Tierra, desde las bacterias hasta los seres humanos, que se basa en los cuatro nucleótidos de las moléculas de ADN, unido al hecho de que las proteínas de los seres vivos están compuestas por los mismos 22 aminoácidos, constituyen evidencias científicas de que todos los organismos vivos proceden de un mismo ser ancestral. La existencia de este ancestro común del que derivamos todos los seres vivos no arroja luces sobre el origen del mismo, hecho que constituye una singularidad ya que supuestamente ha ocurrido una sola vez en 4.600 Ma, circunstancia que da idea de la enorme dificultad de originar un ser vivo en el laboratorio a partir de un sistema químico molecular, en otras palabras, crear vida artificial.

Este hecho no ha permitido validar científicamente los modelos existentes sobre la vida, a pesar que dichos modelos muestran sólidos fundamentos teóricos respecto a las características y el origen de este fenómeno. Cuando los avances científicos permitan una aproximación al origen de la vida, se podrán conocer aspectos esenciales de la misma, como es el mecanismo de ensamblamiento de las funciones moleculares para formar el primer organismo vivo o bien saberse cómo pudo la propia materia diseñar y programar el código genético, para su utilización por todos los seres vivos.

Evolución biológica

La afirmación de que todos los seres vivos, incluido el ser humano, derivan de otros organismos preexistentes, es la base de las teorías sobre la diversificación y evolución biológica, sustentada por sólidas evidencias científicas.

En sus investigaciones sobre la evolución, Charles Darwin se basó en pruebas derivadas del estudio de los fósiles[97], al estudiar la distribución geográfica de determinadas plantas y animales[98] que presentaban diversidades inusuales dentro de ciertas especies. También en trabajos de anatomía comparada que estudia las similitudes heredadas entre los organismos en sus estructuras corporales o en el estudio de los embriones. Aunque los resultados, recogidos en su obra paradigmática *El origen de las especies*, eran claramente definitorios, la discontinuidad de registros disponibles no permitía alcanzar una mayor precisión en las conclusiones de sus estudios, tal como Darwin hubiera deseado.

Actualmente, además de los estudios sobre anatomía, biogeografía y paleontología, que han permitido la confección del árbol de la vida o filogenético de manera bastante precisa, el espaldarazo definitivo para la validación de las tesis evolucionistas ha venido de la mano del desarrollo de la biología molecular en las

---

[97] Paleontología.

[98] Biogeografía.

últimas décadas. En su vertiente evolutiva ha permitido completar y demostrar las tesis del naturalista inglés, mediante la comparación de las secuencias de ADN de diferentes especies cualesquiera, confirmando el nivel de mayor o menor proximidad entre las mismas y permitiendo reconstruir la historia evolutiva del conjunto. Estos estudios evolutivos moleculares tienen entre otras ventajas importantes, las de ser *precisos* hasta el punto de poder cuantificarse, y *universales* permitiendo comparar organismos muy diferentes.

IX)

Más allá de los seres vivos

¿La Tierra, planeta vivo?

Transformaciones en la biosfera

De acuerdo con la visión organicista, se podría situar en el nivel superior de la pirámide de la materia al ecosistema compuesto por los organismos vivos de la Tierra y el entorno físico en donde habitan, lo que se conoce como la biosfera, constituida por la corteza terrestre, los océanos y una parte de la atmósfera hasta una altura de más o menos 10 km[99].

De entre estos medios físicos que componen la biosfera, la atmósfera es la parte que más ha cambiado desde los orígenes de la Tierra, cuando a causa de su mayor temperatura respecto a la actual, debido a la todavía reciente compresión de la materia del planeta se fue acumulando vapor de agua en la atmósfera, así como compuestos provenientes de las frecuentes erupciones vol-

---

[99] La zona que se denomina troposfera.

cánicas y otros compuestos llegados del espacio. Todo ello motivó que la atmósfera primitiva se cargase de gases de efecto invernadero, como dióxido de carbono, nitrógeno o metano, si bien lo que actualmente se ha convertido en un peligro para la vida en la Tierra por causas antropogénicas, entonces contribuyó a mantener un rango de temperatura estable en la superficie terrestre y a mitigar la peligrosa radiación ultravioleta que llegaba del espacio, circunstancias ambas en su momento favorables para la formación y preservación de los primeros seres vivos.

Hace 3.400 Ma, cuando la vida se había desarrollado, las bacterias fotosintéticas ya captaban la radiación solar y fabricaban de manera endógena, a partir de gases atmosféricos, las biomoléculas que necesitaban para su subsistencia, mediante la fotosíntesis anoxigénica, proceso químico que no genera oxígeno molecular, que por otra parte era un veneno para la respiración de la mayoría de los organismos procariotas que entonces poblaban la Tierra. Esta situación duró unos cuantos cientos de millones de años hasta que otro tipo de bacterias, las cianobacterias, mejoraron el proceso fotosintético al utilizar moléculas de agua, de mayor disponibilidad en la Tierra que cualquier otro compuesto hidrogenado.

El desarrollo de los procesos fotosintéticos y de la respiración aerobia en los seres vivos tuvo una importancia capital para la evolución de la vida en la Tierra, al comenzar a liberar grandes cantidades oxígeno en la biosfera, modificándose el carácter reductor de la atmósfera terrestre hasta convertirla en oxidante. Ambos procesos llevan aparejados el intercambio entre la atmósfera y determinados seres vivos (las plantas), de dos gases esenciales para la vida como son el dióxido de carbono y el oxígeno. En la fotosíntesis los seres vivos absorben el primero de ellos y liberan el segundo, mientras que en la respiración ocurre un proceso inverso. La combinación de los procesos de fotosíntesis y respiración, ambos causados por los seres vivos, permite amortiguar y regular en la atmósfera las concentraciones de dichos gases, oxígeno y dióxido de carbono, en valores apropiados para la vida de los organismos que pueblan la biosfera.

El oxígeno, el tercer elemento químico más abundante en el universo, había tenido un papel marginal en las transformaciones de la materia en la Tierra hasta que las bacterias comenzaron a liberar grandes cantidades de oxígeno molecular, que se absorbió inicialmente en océanos y lechos marinos. La concentración de oxígeno comenzó a hacerse notar en la atmósfera hace 2.350 Ma, cuando ocurrió lo que se denomina la Gran Oxidación (GOE), que consistió en el aumento abrupto del contenido de oxígeno libre. Tras la GOE su concentración se mantuvo en torno a un 10 % del valor actual durante algo más de 1.000 Ma, absorbiéndose en la superficie terrestre donde oxidó todo lo que encontró y dando lugar a la formación de la capa de ozono en la atmósfera.

Desde hace aproximadamente 950 Ma, coincidiendo con la colonización de la superficie terrestre por los seres vivos que hasta entonces eran únicamente acuáticos, la concentración de oxígeno en la atmósfera fue aumentando hasta alcanzar valores máximos de 35 % del volumen atmosférico hace 300 Ma, disminuyendo posteriormente hasta estabilizarse en el porcentaje volumétrico del 21 % de la atmósfera actual. La tectónica de placas[100] es otro elemento crucial en la regulación del contenido de oxígeno en la atmósfera, coincidiendo los niveles máximos de liberación de oxígeno con el masivo enterramiento de materia biológica que tuvo lugar hace 300 Ma y que es el origen de los combustibles fósiles.

El control del contenido de oxígeno en la atmósfera de la Tierra parece un fenómeno global, producto de la interacción de procesos biológicos y geológicos, pudiendo considerarse la biosfera parte de un sistema de control planetario, influenciado por las actividades de los organismos vivos y los cambios en el medio donde éstos habitan. La transformación de la atmósfera anoxi-

---

[100] Teoría geológica que explica determinados acontecimientos geológicos.

génica a otra de carácter oxidante y las fluctuaciones del contenido de oxígeno en la misma, no parece que llegasen a poner en riesgo el desarrollo de la vida, al no haberse detectado pruebas de extinciones masivas ocurridas por esta causa.

Hipótesis Gaia

El químico británico James Lovelock, especializado en ciencias de la atmósfera y colaborador en las actividades de investigación espacial de la NASA, al que se le unió posteriormente la bióloga norteamericana Lynn Margulis en la década de 1970, dio un paso adelante en las ideas organicistas proponiendo una teoría denominada hipótesis Gaia[101], según la cual el conjunto de los seres vivos que componen la biosfera se comporta como un superorganismo capaz de regular la composición de la atmósfera y el clima, conforme a su objetivo que se supone es preservar el funcionamiento de la biosfera, cuya componente principal es la propia vida. Según la hipótesis Gaia original, si algún cambio medioambiental llega a amenazar la vida en su conjunto, Gaia se comporta de manera pertinente para contrarrestar dicho cambio con objeto de garantizar la continuidad de la vida, intención que no necesariamente equivale a garantizar la continuidad de la especie humana. Según esta visión organicista, el conjunto de la vida en la Tierra y el medio en que se encuentra, que constituyen la esencia de Gaia, forman un sistema homeostático[102].

En el desarrollo de la hipótesis, Lovelock estudió las atmósferas de los dos planetas más próximos y similares al nuestro, Marte

---

[101] Nombre de la antigua diosa de la Tierra.

[102] Homeostasis (RAE): conjunto de fenómenos de autorregulación, que conducen al mantenimiento de un valor constante en la composición y propiedades del medio interno de un organismo.

y Venus, compuestas ambas casi exclusivamente por CO2[103] y que se encuentran en estado de equilibrio químico, muy diferentes de la atmósfera terrestre, alejada del equilibrio químico y con una composición de 79 % de nitrógeno y 21 % de oxígeno, única en todo el sistema solar. Uno de los argumentos principales manejados por Lovelock para fundamentar su teoría es el elevado contenido de oxígeno molecular en la atmósfera terrestre. El oxígeno es un elemento químico muy reactivo que tiende a oxidar la materia (sobre todo la de naturaleza orgánica), existiendo como consecuencia de dicha oxidación un consumo constante del mismo, de manera que para que su contenido se mantenga estable en la atmósfera es necesario que se reponga también de manera continua. Esta reposición la llevan a cabo los organismos vegetales mediante procesos fotosintéticos utilizando la energía solar, que como se ha indicado permiten a las plantas generar la biomateria que precisan para su metabolismo.

En la hipótesis Gaia se mencionan otros ejemplos del comportamiento homeostático de la Tierra, especialmente en lo que concierne a la regulación de los dos medios fundamentales para la vida: el atmosférico y el acuoso. En lo que respecta a la atmósfera, además del control del contenido de oxígeno ya reseñado, Gaia ha podido mantener prácticamente constante la temperatura de la atmósfera terrestre, a pesar de que hace 4.000 Ma la radiación del Sol era un 30 % menos intensa que la actual. Con ese objetivo ha variado a lo largo de millones de años la concentración de gases de efecto invernadero en la atmósfera, principalmente el dióxido de carbono cuyo contenido inicial en la atmósfera primitiva era de origen exógeno, pero a partir de las bacterias fotosintetizadoras y de la formación de las plantas, su valor dependía en gran medida de las actividades de los organismos vivos.

[103] Más del 95 % en volumen.

En el caso del agua, Lovelock supone que los organismos vivos que forman Gaia han tenido y tienen una importante influencia en el mantenimiento de dos parámetros de las aguas del planeta: en primer lugar, de sus *características ácido-base* que deben mantenerse en un estado neutro (pH[104] próximo a 7), que se ha alcanzado a causa de las enormes cantidades de residuos de carácter alcalino de los procesos metabólicos de los seres vivos, neutralizar la tendencia a la acidez. En segundo lugar, el *nivel de salinidad* del agua de los mares, que se estabilizó en los primeros millones de años de la Tierra al disolverse sales minerales de la corteza terrestre por la acción de las lluvias y de las corrientes fluviales. Dicha concentración salina no ha aumentado debido a la combinación de fenómenos fisicoquímicos, como la evaporación del agua, unido a factores geológicos como el enterramiento de grandes depósitos de sales formados en la superficie terrestre tras la evaporación de agua salada.

Aunque Lovelock y Margulis hayan matizado la idea central original de la hipótesis Gaia, en el sentido de que se trate de un superorganismo al que se le podría suponer un cierto grado de consciencia, esta visión presenta puntos de fricción con las ideas básicas de la evolución en el sentido más amplio del término, que constituye el fundamento de las teorías de mayor aceptación sobre las transformaciones de la materia en general y de los seres vivos en particular. Una parte importante de la comunidad científica considera la hipótesis Gaia como una «bella metáfora» que va más allá de los principios científicos, adentrándose en terrenos más propios de la metafísica. Pese a todo, la hipótesis Gaia tiene una gran fuerza como imagen, habiendo alcanzado gran popularidad dentro de corrientes de pensamiento de corte ecologista y holista en general, generando otras hipótesis acerca de

---

[104] Indicador del grado de acidez o basicidad de una disolución acuosa.

cómo los procesos biológicos influyen o coevolucionan con los procesos fisicoquímicos de la atmósfera, los suelos y los océanos.

¿Universo holista?

La Tierra y el sistema solar

Tanto la formación de la vida como su posterior diversificación y evolución, dependen sobre todo de la interacción de nuestro planeta con el Sol y, en menor medida, con otros astros del sistema solar que se formaron al mismo tiempo y a partir de las mismas nubes de gas que la Tierra, hace más de 4.500 Ma.

Como ya se ha mencionado, la relación de masas y la distancia entre la Tierra y el Sol tienen valores idóneos para, por un lado, mantener por atracción gravitatoria una atmósfera gaseosa estable, cuyas características a lo largo del periodo de existencia de nuestro planeta se han ido adaptando a la evolución de los seres vivos. Por otro lado, la distancia entre la Tierra y el Sol es la causa de que la temperatura de la superficie terrestre tenga un valor de 14 º C en promedio, que permite que el agua se encuentre principalmente en estado líquido, esencial para la existencia de vida.

Pero el Sol no es solamente un factor primordial en el origen de la vida, sino en el mantenimiento de la misma. La principal necesidad de los organismos, en tanto que estructuras disipativas, es disponer de un aporte continuo de energía que los mantenga vivos. Como las posibilidades de suministro de energía de origen endógeno en la Tierra son muy reducidas, la ingente cantidad de energía en forma de luz y calor que la biosfera recibe continuamente del Sol, sirve para que los organismos vivos autótrofos (plantas, algas y microorganismos) capten, transformen y almacenen dicha energía utilizando procesos fotosintéticos, al mismo tiempo que permiten mantener constante el nivel de oxígeno de la atmósfera. La energía del Sol acumulada por los organismos puede almacenarse tras la muerte de los mismos, si por razones geológicas han quedado enterrados debido a movimientos telúricos antes de comenzar su degradación, transformándose en los denominados combustibles «fósiles», principalmente carbón, petróleo y gas natural, que constituyen la fuente energética más utilizada actualmente por los seres humanos. Cualquier otra fuente de energía también tiene origen en la actividad solar (madera, energía eólica, solar térmica, fotovoltaica, mareas, residuos orgánicos, etc.), con la excepción de los reactores nucleares de fisión o de los futuros reactores nucleares de fusión, que podrían llegar a cubrir la energía necesaria para la humanidad mediante procesos nucleares supuestamente no contaminantes, similares a los que tiene lugar en las estrellas.

La absorción de la energía solar por la materia terrestre, tanto la biológica como la inorgánica, es congruente con la existencia más o menos generalizada en nuestro planeta de estructuras disipativas, que necesitan una aportación continua de energía para mantenerse como tales. Dichas estructuras proporcionan un potencial adicional de autoorganización a la materia terrestre, más allá de los seres vivos.

El movimiento de traslación de la Tierra alrededor del Sol y la estabilidad de la inclinación del eje terrestre con respecto a la perpendicular con el plano de la órbita, de la que es responsable la Luna, son la causa de la alternancia de las cuatro estaciones terrestres. Además, el movimiento de rotación de la Tierra respecto a su propio eje determina la sucesión y duración del día y la noche y la variación de la temperatura diaria, por la mayor cantidad de radiación que recibe la parte expuesta al Sol.

Pero la Tierra no solamente interacciona con el Sol, sino que en menor medida lo hace con otros astros del sistema solar. La Luna se considera que tuvo un papel importante en el nacimiento de la vida gracias a las mareas que ocasiona, de acuerdo con la teoría que sostiene que la vida se creó en charcas poco profundas. Además, un número importante de organismos vivos han incorporado a sus genes un reloj biológico que sigue los ritmos de la Luna. Sobre el papel de los planetas mayores del sistema solar existen diversas teorías, por ejemplo en el caso de Júpiter, que parece actuar como una especie de hermano mayor, protegiendo a la Tierra por su mayor atracción gravitatoria, mediante la captura de objetos que podían acabar cayendo sobre la superficie terrestre. Incluso la formación de la Luna también podría deberse a la influencia de Júpiter, que desvió el cuerpo rocoso llamado Tea que chocó contra la Tierra, aunque ésta es una teoría con poca base científica.

Azar y holismo en Física

La Física Cuántica, que describe el comportamiento de las partículas más pequeñas no perceptibles que componen todo lo que podemos observar y a nosotros mismos (partículas elementales, nucleones y átomos), se basa en determinados principios y tiene efectos que se pueden calificar cuanto menos como «extraños» desde una visión cartesiana o clásica, más frecuente en otros dominios de la ciencia. Una de sus peculiaridades que más resalta es que los fenómenos cuánticos se basan en criterios de carácter probabilístico, en los que tiene un papel importante la incertidumbre y el azar, contrarios al determinismo y al orden.

Las pequeñísimas partículas cuánticas no tienen trayectorias determinadas (al contrario que los planetas) sino que en cada momento cada partícula tiene diferentes probabilidades de estar en una posición o en otra distinta, hechos que llevaron a científicos de la talla de Einstein a plantear dudas sobre la Física Cuántica, considerando que su carácter impredecible se debía a la existencia de variables ocultas que la ciencia desconocía. La Física Relativista iniciada por Einstein, a pesar de basarse en conceptos que pueden considerarse tan complejos como la Mecánica Cuántica, combina razonablemente bien con la Física Clásica, excepto para sistemas a muy altas velocidades o con efectos gravitatorios importantes. La Física Clásica y la Relativista permiten explicar satisfactoriamente el mundo a escala visible, relacionando cada suceso con su causa. Pese a todas sus rarezas, la fiabilidad de la Física Cuántica es indiscutible a pesar de ser poco intuitiva, siendo el fundamento de avances en campos tan dispares como la Electrónica, la Informática, la Física Nuclear, la Química y la Biología Molecular, entre otros.

Uno de los casos más paradigmáticos de esta supuesta rareza de la Mecánica Cuántica es el denominado entrelazamiento cuántico de partículas subatómicas, fenómeno que con frecuencia se considera que puede fundamentar un supuesto carácter holista del universo, más allá de nuestros conocimientos actuales. Un ejemplo de pares de partículas entrelazadas son dos electrones originados en un mismo orbital atómico[105]. Se pueden generar también dos fotones entrelazados a partir de un electrón de un átomo al que se hace descender dos niveles energéticos.

☛ **Entre partículas entrelazadas se ha comprobado que existe una interacción muy particular que, a diferencia de las interacciones electrostática o gravitatoria, no disminuye con la distancia, ni puede ser detenida por barreras físicas ni detectada en su trasmisión, si es que existe alguna transmisión, teniendo por lo tanto dicha interacción las propiedades de ser intangible, imparable e inmediata.**

Sobre este fenómeno de la mecánica cuántica se fundamenta un curioso experimento imaginario publicado en 1935 por tres

[105] Espacio de la corteza electrónica donde habitan dos electrones que se diferencian en una única propiedad, por ejemplo, el sentido de giro de cada uno de ellos, que se denomina número cuántico de spin (uno «arriba» y otro «abajo»).

eminencias de la Física (Einstein, Podolsky y Rosen), conocido como «Paradoja EPR», que tenía como objetivo probar que la Mecánica Cuántica era una disciplina incompleta, al considerar que era inconsistente con reconocidos principios como es el principio de localización, que postula que dos objetos suficientemente alejados el uno del otro no pueden interactuar entre ellos, de manera que cada objeto sólo puede ser influido por su entorno más próximo; en caso de que pudieran hacerlo, la causa de la interacción se propagaría a una velocidad que como máximo tendría que ser igual al valor de la velocidad de la luz, magnitud que según la Mecánica Relativista no puede superarse.

El experimento planteado en la paradoja EPR, que era de carácter *mental* y se trataba de una crítica encubierta a la Mecánica Cuántica, se basa en medidas sobre partículas entrelazadas, de las que se pueden determinar magnitudes relacionadas con su movimiento, su posición o el mencionado spin en el caso de los electrones. Mientras no se realizase medición alguna sobre cualquiera de las dos partículas que se desplazan en sentidos opuestos a velocidades próximas a la de la luz, cada una de ellas tiene una probabilidad del 50 % para un valor determinado de la magnitud medida. De acuerdo con EPR, la Mecánica Cuántica pretendería que, si dos observadores suficientemente alejados el uno del otro, reciben cada una de las partículas entrelazadas, la medida (u observación) realizada sobre una de ellas determinaría el estado de la otra partícula, al conocer ésta última de manera inmediata la información sobre el estado de la partícula medida. Esto iría en contra de la lógica de los postulados de la Física Clásica y de la Teoría de la Relatividad, ya que aparentemente se transmitiría información entre las dos partículas de forma instantánea o a una velocidad en todo caso superior a la de la luz, siendo ambas contingencias imposibles de acuerdo con la Física Clásica y Relativista. Por lo tanto, según EPR la Mecánica Cuántica tenía que ser una teoría incompleta, al no poder explicar este fenómeno, que Einstein atribuía a la necesaria existencia de variables *ocultas*.

La cosa quedó en el aire hasta que en 1964 el físico norirlandés John S. Bell que trabajaba en el CERN (Centro Europeo de Investigación Nuclear, cuyas instalaciones en Suiza albergan actualmente el mayor acelerador de partículas), volvió a desempolvar el tema llevando a cabo un exhaustivo análisis físico-matemático sobre el fenómeno del entrelazamiento cuántico, basándose en la propiedad de la no separabilidad de dos partículas, llegando a desarrollar, también sobre bases teóricas, un teorema sobre el experimento EPR, que demostraba que la existencia de variables locales ocultas defendida por Einstein es incongruente con las predicciones estadísticas de la mecánica cuántica. El teorema de Bell desmontaba la hipótesis de las variables ocultas, al demostrar que el concepto de realidad como conjunto de partes separadas, unidas por conexiones locales, es incompatible con la teoría cuántica.

A partir de 1976, la disponibilidad de instrumentos de medida más avanzados permitió que la paradoja EPR saltase de la teoría a la práctica, lográndose generar partículas entrelazadas mediante el uso de láseres y ciertos cristales que tienen la propiedad de emitir dos fotones cuando absorben uno. La energía total de los dos fotones emitidos es igual a la del fotón original, estando los dos fotones emitidos polarizados perpendicularmente el uno respecto al otro[106]. Al medir la dirección de polarización en una partícula, si cambia su estado cambia también el de la otra partícula, permaneciendo su oscilación siempre perpendicular al primero por muy alejadas que se encuentren. El entrelazamiento cuántico se suponía que era un fenómeno típico de sistemas microscópicos de partículas, pues se entendía que esta propiedad se perdía en el ámbito macroscópico[107], sin embargo, ya en el siglo XXI al

---

[106] Si la onda electromagnética del primer fotón oscila verticalmente, la onda del otro oscilará horizontalmente.

[107] Debido a un fenómeno denominado decoherencia cuántica.

parecer se ha logrado el citado entrelazamiento en diamantes de tamaños de milímetros, permitiendo la extrapolación del fenómeno a nivel macroscópico.

El teorema de Bell y los resultados de los experimentos sobre la paradoja EPR, apoyan la postura mecano-cuántica y demuestran que a nivel de partículas el concepto de Einstein de una realidad física consistente en elementos independientes separados espacialmente, es incompatible con las leyes de la mecánica cuántica. Además de la posibilidad de que una partícula distante *conozca* el resultado de la medida realizada sobre otra partícula con la que estaba entrelazada, la paradoja EPR pone en evidencia otros conceptos cruciales característicos de la mecánica cuántica, como es la *alteración que produce cualquier acción de medir*, de manera que *el observador condiciona lo observado*[108]. También la existencia de un mecanismo de transmisión o señal instantánea parece desmentir el principio relativista de que nada puede ir más rápido que la velocidad de la luz.

La extrapolación de los resultados de la paradoja EPR, podrían sustentar la idea de que la materia del universo tiene un grado de entrelazamiento e interdependencia con respecto a la totalidad del mismo, idea que es la base del holismo.

☛ **Existen indicios que pueden llevar a considerar que las partículas elementales que componen la materia bariónica tienen un importante grado de interdependencia, mayor del que se puede suponer en base a los conocimientos actuales.**

---

[108] Supuesto que lleva a inferir que la medición crea la realidad.

X)
Consideraciones finales

Ciencia y creencias

Los fundamentos del moderno pensamiento científico se establecieron en Europa en los siglos XVI y XVII, cuando unos atrevidos estudiosos de temas relacionados principalmente con la física, la astronomía, la medicina y la química, se adentraron en terrenos turbulentos sobre los que las creencias tenían la última palabra. Los conocidos casos de astrónomos como Copérnico, Kepler y Galileo, tienen especial relevancia por el hecho de que sus descubrimientos no solamente iban en contra de la ortodoxia religiosa de la época, sino incluso de lo que se percibe por medio de los sentidos. Parecía evidente que la Tierra era el centro del universo y alrededor suyo giraba no solamente la Luna, sino también el Sol y las estrellas, siendo lo más relevante que en la Tierra habitaban los seres humanos, criaturas que se situaban en la cumbre de la creación y en el centro del universo. Con el geocentrismo y antropocentrismo como música de fondo, aquellos pioneros científicos fueron presionados para que sus descubrimientos, que desmontaban ambas ideas, se acomodasen a las creencias y a los sentidos, so pena de declararlas contrarias a las leyes sobrenaturales, con las consecuencias personales que ello podía acarrearles. A partir de los trabajos del gran científico inglés Isaac Newton, el imparable avance de los descubrimientos hizo que comenzaran a separarse los caminos de la ciencia y de las creencias, rebajándose el nivel de peligrosidad del ejercicio de las actividades científicas.

En base a la primera acepción del diccionario de la RAE del verbo «*creer*», '*tener por cierto algo que el entendimiento no alcanza o que no está comprobado o demostrado*', lo normal es que los puntos de vista científico y de las creencias no coincidan, al ser dos maneras diferentes de aproximarse a la realidad, tanto en la forma como en el fondo. Como se ha indicado, la narración científica trata de explicar esencialmente *«cómo»* funciona la naturaleza, sustentándose en la comprobación o demostración de las teorías mediante la aplicación del método científico; su campo de acción son los fenómenos naturales de carácter universal, en el sentido de poder ser percibidos por cualquier persona en cualquier circunstancia, estando sus teorías abiertas a ser descartadas si se descubren otras que describan mejor la realidad. Las creencias se basan en una convicción personal sobre la veracidad de principios o hechos que se suponen han sido revelados por entidades superiores, cuyo conocimiento deriva de una determinada manera de ver el mundo. Su objetivo esencial es dar sentido a la existencia humana, intentando responder a cuestiones sobre *«quien»* y *«por qué»*, respecto al origen y destino de todo lo que el creyente considera que existe, de naturaleza tanto física como metafísica y espiritual, ámbito mucho más extenso que el territorio en el que se mueve la ciencia. Para el creyente los dogmas que forman parte de sus creencias no suelen admitir discusión, llegando a considerarlos inmutables y validos en cualquier tiempo y circunstancia.

Resulta evidente que ni los creyentes exigen la comprobación experimental de los dogmas o ideas trascendentes, ni los científicos en el ejercicio de sus funciones están obligados a *creer* en principios que no hayan sido empíricamente validados. Lo esencial es que son dos formas distintas del conocimiento, como dos diferentes ventanas o pantallas para observar el mundo. Algo que no se considera científico significa simplemente que no ha sido verificado según las exigencias del método científico, bien porque no se tengan medios para realizar dicha verificación o porque pertenece a otra realidad que no es física o material, pero no por ello se puede inferir que sea erróneo o no exista. Coherentemente con lo expuesto, ni los textos hieráticos resultan los más indicados para interpretar las causas de los fenómenos naturales, al no ser tratados de física y química, ni la literatura científica tiene entre sus objetivos estudiar supuestos orígenes supranaturales de dichos fenómenos. Se puede concluir que las creencias no precisan el respaldo de la ciencia para obtener un plus de veracidad, que resulta innecesaria para el creyente, de la misma manera para la ciencia no es necesaria bendición alguna para incorporar a su acervo cualquier teoría que haya sido validada según el método científico.

Pese a todo lo expuesto, el origen del universo y de la materia que contiene, incluidos los organismos vivos y los seres humanos, han sido tradicionalmente temas controvertidos entre ciencia y creencias. Estas últimas consideran que todo lo que existe es obra directa de un creador[109] eterno, no teniendo en cuente si se incumplen o no las leyes de la naturaleza creadas por él supremo, lo que suele llevar a la mezcla de las creencias y el relato científico. Es por ello que con frecuencia se suelen establecer presuntas analogías o similitudes entre determinadas ideas fundadas en las creencias con teorías científicas, y aunque muchas de ellas pueden parecer innegables, su parecido no es objetivo, dependiendo en gran medida de la imaginación e

[109] Diferentes cálculos de teólogos cristianos en el siglo XIX, basándose en el relato bíblico llegaban a la conclusión que la Tierra había sido creada hace alrededor de 5.000 años.

intencionalidad de quien lo establece. En definitiva, tratar de interpretar un relato basado en creencias mediante razonamientos científicos o, a la inversa, acomodar unos hechos científicos a lo indicado en textos de carácter metafísico, todo ello en base a supuestas similitudes, puede llevar a conclusiones absurdas y/o carentes de sentido.

Ejemplo sobre la creación

La ciencia considera probado que la primera materia visible estable formada a partir de la energía fue el hidrógeno, elemento que inmediatamente por reacciones nucleares originó el helio. A partir de estos dos átomos primigenios, se sintetiza en las estrellas los átomos del resto de elementos químicos.

No hace falta mucha imaginación para establecer una analogía entre el relato bíblico simbólico de la creación del mundo y los hechos científicos indicados: el hidrógeno sería equivalente a un Adán atómico, formado como primer ser a imagen y semejanza del creador, que en el relato científico sería la energía primigenia de donde procede. El papel de la Eva atómica correspondería al helio, moldeado a partir de una parte del hidrógeno, que no es una costilla sino los neutrones que contenía el hidrógeno/deuterio. Una vez creada la primera pareja de átomos, por unión (fusión) de ambos se han originado –en las estrellas– los átomos del resto de elementos, que equivaldrían a la humanidad.

Este símil, sin ánimo de resultar irreverente, pone de manifiesto que si se buscan semejanzas entre dos relatos de naturaleza distinta (uno sustentado en evidencias científicas y el otro basado en la fe), se puede acabar encontrando, aunque desde una perspectiva racional el resultado carezca de sentido y sea algo disparatado.

1
H
Hydrogen
2
He
Helium

Cuatro conclusiones, bastantes incertidumbres y mucho por conocer

En el presente relato se ha tratado de mostrar, a nivel divulgativo, la coherencia del proceso general evolutivo de la materia visible del universo. Partiendo de una supuesta energía preexistente, cuyos orígenes quedan fuera del marco que la ciencia actual puede explicar, la materia se formó en un periodo de tiempo muy corto y comenzó una serie de transformaciones explicables, en mayor o menor medida, por principios científicos, componiendo un rompecabezas en el que faltan todavía piezas (algunas de importancia capital), pero las que están disponibles permiten adivinar la imagen final del rompecabezas.

Para completar el recorrido, se destacan a modo de conclusiones cuatro aspectos sustanciales del cuadro evolutivo, mencionándose algunas dudas sobre el desarrollo alcanzado por la especie humana puede afectar al futuro de la evolución. Todo ello en un escenario general en el que la parte de materia transformada es, respecto al componente material visible del universo que permanece inalterado, una porción extremadamente pequeña, que todavía resulta menor si se incluyen los fenómenos desconocidos (oscuros) que componen el universo.

Origen y transformaciones de la materia visible

La teoría del Big Bang, que describe la formación y evolución de la materia visible, está ampliamente aceptada por la comunidad científica, en base a un nivel satisfactorio de evidencias constatadas.

Hace cien años un puñado de investigadores de máximo nivel (Einstein, Hubble, Lemaître,...) establecieron los fundamentos de una teoría que ofrece una perspectiva radicalmente distinta de las ideas hasta entonces existentes sobre el universo y la materia visible que lo forma. Basada en evidencias constatadas, la narración científica se había consolidado en gran medida, de manera que a finales del siglo XX se consideraba que se había alcanzado un conocimiento adecuado sobre la materia, que se suponía tenía un peso mayoritario entre los componentes del universo. Descubrimientos recientes han puesto de manifiesto que nuestra materia supone un escaso 5 % de los ingredientes del universo, correspondiendo el porcentaje restante a los denominados fenómenos oscuros, sinónimo de *desconocidos*.

A finales del siglo XIX los científicos, sobre todo los físicos, pensaban que el conocimiento sobre la naturaleza basado en la Física (clásica), había alcanzado cotas difíciles de superar, de manera que los territorios a explorar se estaban agotando. Entonces surgieron dos «animales» hasta entonces desconocidos como son la Física Cuántica y la Física Relativista, que abrieron novedosas perspectivas científicas.

La historia se ha repetido a finales del siglo XX, cuando se suponía que el relato científico sobre los procesos de formación y transformación de la materia, a pesar de las lagunas todavía existentes, se había consolidado. Los resultados de las mediciones realizadas entonces sobre la velocidad de expansión del universo, condujeron al descubrimiento de que más del 95 % de los componentes del mismo corresponden a fenómenos denominados *oscuros*, de los que se conoce muy poco (*materia oscura*) o prácticamente nada (*energía oscura*), resultando ser ésta última el ingrediente mayoritario del universo (más del 70 %).

De acuerdo con la teoría de consenso del Big Bang, la materia visible se originó hace 13.800 millones de años a partir de la energía, formándose inicialmente como diminutas partículas que se combinaron dando lugar a los dos elementos químicos más ligeros que existen, el hidrógeno y el helio, componentes únicos de la materia bariónica del universo primitivo. A partir de dichos elementos, mediante sucesivas transformaciones se ha formado el entorno natural que podemos observar.

La materia visible se formó a partir de una inmensa cantidad de energía enormemente caliente y comprimida, que constituye lo que los científicos llaman una «singularidad», un fenómeno poco frecuente o fuera de lo común sobre el que existen muy escasas probabilidades de conocer su origen, no siendo verificable por los conocimientos científicos en su estado actual. En un universo que comenzó a expansionarse y enfriarse hasta alcanzar los 3 grados kelvin actuales, muy cercanos del cero absoluto[110], las fuerzas de la naturaleza y determinadas propiedades de la materia, dirigen la evolución hasta formar el mundo que nos rodea y a nosotros mismos.

Los pilares sobre los que se asientan las transformaciones de la materia previa a la vida son procesos fisicoquímicos, del tipo de las reacciones nucleares que tienen lugar a nivel atómico en las estrellas, y de las reacciones químicas que a nivel molecular pueden tener lugar en el espacio y, sobre todo, en planetas como la Tierra, donde cuatro elementos químicos (carbono, hidrógeno, oxígeno y nitrógeno) iniciaron un camino evolutivo particular, llegando a formar moléculas de elevada complejidad. A partir de estas últimas moléculas, se desarrollaron nuevas formas de organización de materia, de las que se supone emergió la propia vida.

---

[110] Temperatura más baja que hipotéticamente se podría alcanzar, que coincidiría con 0 grados kelvin.

Origen de la vida y de la consciencia en la Tierra

Las teorías sobre el origen abiótico de la vida en la Tierra están sustentadas por sólidos fundamentos científicos, aunque sus posibilidades de ser validadas parecen todavía lejanas.

El origen de la vida constituye otra «singularidad», aunque de naturaleza muy distinta a la que dio lugar a la materia. El organismo ancestral del que se considera descendemos todos los seres vivos de la Tierra, de acrónimo LUCA, se supone que se formó a partir de un conjunto de moléculas de elevada complejidad que dieron lugar a la emergencia de nuevas propiedades, como son los procesos de autoorganización de la propia materia que dieron lugar a la vida. Ese salto evolutivo de un conjunto de moléculas inertes que se rebelaron a su destino marcado por las leyes de la química para formar un ser vivo según la lógica emergentista, no han sido validadas científicamente, a pesar de los indicios basados en principios fundamentales de la ciencia que apoyan dicha teoría.

Un fenómeno similar es el origen de la consciencia humana, fruto de la transmisión de impulsos o señales eléctricas por células nerviosas denominadas neuronas, mediante procesos bioquímicos, que dan lugar a funciones cognitivas ligadas a la mente humana, como son el pensamiento o la memoria.

Los fenómenos de la vida y la consciencia se basan en procesos fisicoquímicos que tienen lugar en una materia muy compleja, siendo el origen de la autoorganización de los organismos en general, además de funciones cognitivas en el caso particular de los seres humanos. La interrelación entre las funciones propias de la materia (reacciones químicas, transmisión de impulsos,...) y las propiedades que originan (consciencia, memoria,..), que son de naturaleza intangible, presenta también lagunas muy importantes.

Patrones evolutivos

Los orígenes y los patrones evolutivos de la materia inanimada y de los organismos vivos apuntan innegables similitudes, a pesar de sus diferentes formas de actuación.

La primera similitud es que los orígenes de ambos fenómenos constituyen «singularidades» que no han sido validadas según el método científico.

Pese a los factores de índole científico que existen a favor de las teorías manejadas sobre la formación de la primeria materia y del primer ser vivo, no existe una validación científica de ambos orígenes, de manera que no se puede afirmar que tengan base científica.

En ambos casos se formaron en primer lugar las «unidades básicas», átomos y organismos unicelulares, que han dado lugar a formas materiales más complejas y seres vivos más evolucionados.

Las unidades básicas de la materia son los *átomos* primigenios (hidrógeno y helio) en la materia visible, y las *células procariotas* en el caso de los organismos vivos. Una vez formadas ambas unidades básicas, las diferentes condiciones de tipo físico-químico, medioambiental o biológico de la materia y de su entorno, no eran apropiadas para que continuaran inmediatamente las transformaciones evolutivas. En los diferentes escenarios que tienen lugar las transformaciones, hubo que esperar periodos relativamente largos del orden de miles de millones de años, durante los que tuvieron lugar una serie de modificaciones graduales, necesarias para preparar y hacer posible los importantes avances evolutivos que siguieron.

Las transformaciones evolutivas tienen lugar en auténticas «fábricas» de materia, que son las estrellas y los propios organismos vivos, donde se forman los átomos pesados y la materia biológica, respectivamente.

Tanto las estrellas como los seres vivos son estructuras materiales más ordenadas que su entorno, en las que se fabrican componentes esenciales de la materia bariónica (átomos pesados) y de la materia biológica (biomoléculas).

A nivel atómico toda la materia transformada proviene de las estrellas. La desaparición de las primeras generaciones de estrellas tras haber agotado todo su combustible, liberó los átomos pesados en el espacio y posteriormente en planetas (al menos en la Tierra), posibilitando un sinfín de reacciones químicas que sin la participación de los átomos transformados no son posibles. De esta manera se formaron moléculas cada vez más variadas y complejas.

Los primeros organismos eran seres unicelulares de naturaleza más sencilla (procariontes), llegando a desarrollar, sobre todo el linaje de las bacterias, nuevas funciones biológicas basadas en interacciones entre ellas, principalmente de tipo colaborativo (simbiótico). Estos procesos mejoraron las capacidades de los organismos unicelulares, para adaptarse a las condiciones cambiantes del planeta y prepararon los siguientes cambios evolutivos. De esta manera se originaron componentes celulares de gran importancia (núcleo, mitocondrias, cloroplastos,...) en los organismos procariontes, que dieron lugar a un nuevo linaje de células de mayor tamaño y con mayores posibilidades evolutivas, las células eucariotas, poniendo los cimientos para el desarrollo de funciones de gran importancia en los organismos pluricelulares que surgieron posteriormente. Toda la materia biológica y los seres vivos de la Tierra proceden de organismos vivos preexistentes.

Proporciones de materia transformada

El entorno que nos rodea y podemos observar está compuesto por una fracción muy pequeña evolucionada de la materia visible. Esta última está formada en su mayoría por los eternos protones (como partículas aisladas, átomos o moléculas de hidrógeno), la forma material más generalizada y estable que se conoce, acompañada por una fracción notablemente menor de formas materiales más complejas, conteniendo todas ellas a sus frágiles y dependientes compañeros, los neutrones.

Como se ha indicado en el manual, la materia transformada en las estrellas supone aproximadamente el 2 % del total de la masa de la materia visible del universo, quedando un 98 % de la masa en la forma original (hidrógeno y helio). El cambio de unidades másicas a fracción de átomos supone un cambio de pantalla, que muestra que la materia transformada en las estrellas es una proporción en cualquier caso inferior al 0,1 % del número de átomos primigenios, dependiendo del peso medio que se suponga a los átomos formados en las estrellas[111]. Estos valores ponen de manifiesto que la gran mayoría del número de átomos existente (más del 99,9 %) permanece invariable desde su formación tras el Big Bang.

Esta situación es razonablemente extrapolable para todas las formas de la materia transformada, cuyas proporciones son progresivamente menores según se hace mayor el nivel de complejidad de la misma.

Si se pudiese calcular la fracción de moléculas formadas por *varios átomos*, el resultado sería una fracción muy pequeña res-

---

[111] Para un peso atómico medio de los átomos formados en las estrellas, comprendido entre 30 y 40, existiría uno de dichos átomos por cada aproximadamente 2.000 átomos primigenios.

pecto al número existente de partículas originales (protones y átomos de hidrógeno y de helio).

No se disponen de elementos precisos para poder calcular el porcentaje de moléculas formadas por átomos de al menos dos diferentes elementos, que pueden existir en el universo. La cifra dependería de factores relacionados con la presencia de dichas moléculas en el espacio y en planetas, si bien cualquier cálculo estimativo conduciría a fracciones muy pequeñas.

En lo que respecta a los seres vivos, razonamientos similares sobre el porcentaje de moléculas que forman parte de la vida celular, llevarían a cifras de órdenes de magnitud infinitesimales, incluso en el supuesto de que la vida fuese un fenómeno ampliamente extendido por el universo.

Para concluir, la masa de los organismos más evolucionados, los seres pluricelulares, se supone es muy pequeña respecto a la de las células libres u organismos unicelulares de la Tierra.

Los datos disponibles llevan a suponer que la materia transformada que ha alcanzado la cima de la pirámide evolutiva, de complejidad equivalente a la existente en la Tierra, es una fracción infinitesimal de la materia visible del universo.

Incertidumbres sobre la evolución

De acuerdo con el enfoque de la termodinámica, el proceso de expansión y enfriamiento del universo conduce progresivamente a un mayor desorden del mismo, al aumentar su entropía; esta situación es coherente con uno de los escenarios más previsibles sobre su final, como es el de la muerte térmica del universo. De ese 5 % de materia visible, una fracción –que según evoluciona se va haciendo cuantitativamente menor– parece avanzar de manera opuesta al proceso general del universo, al dar lugar a estructuras cada vez más ordenadas (átomos, moléculas, seres vivos,...), como especies de islotes de menor entropía en un universo cada vez más desordenado. La teoría de las estructuras disipativas de Ilya Prigogine, relativas a la emergencia de procesos de autoorganización en sistemas complejos, da una explicación coherente con los principios de la termodinámica sobre este hecho, y que son de aplicación no solamente a los seres vivos, sino también a la materia inorgánica y a organizaciones ecológicas o humanas.

No existen argumentos para considerar que la materia visible y los organismos vivos compuestos de dicha materia, de los cuales el ser humano es el de mayor complejidad conocida, hayan alcanzado su máximo nivel evolutivo, pues los patrones que gobiernan la evolución inducen a pensar que el fenómeno evolutivo continúa su recorrido. La evolución es un proceso natural muy lento desde la perspectiva humana que no se detiene, aunque su avance no se manifieste en el corto plazo. En este contexto, es razonable suponer la emergencia futura de nuevas propiedades y potencialidades, cuyas características y alcance parecen impredecibles desde la perspectiva actual.

Tras casi 200.000 años de existencia, el ser humano, debido principalmente a su población, hábitos de vida (sobre todo de consumo) y nivel de desarrollo tecnológico, tiene por primera vez la capacidad de influir, voluntaria o involuntariamente, en el devenir de la propia raza humana, así como del resto de los seres vivos, del medio ambiente y del propio planeta.

Saber cómo utilizará el ser humano esas capacidades ante el fenómeno de la evolución en general y la humana en particular, en concreto si se adaptará (de manera consciente o forzada) a dichos procesos, o si, por el contrario, tratará de reconducirlos o incluso frenarlos, así como si los cambios afectarán a una pequeña fracción de la población humana o a todos por igual, son algunas de las incertidumbres que existen al respecto.

Otra situación que parece recurrente en el avance científico y que es sumamente ilustrativa, es la aparición de fenómenos ignorados cada vez que se da un paso importante en el conocimiento de la naturaleza. Es el caso de los fenómenos oscuros del universo, que ponen en evidencia el importante desconocimiento que tenemos sobre más del 95 % de los ingredientes del universo.

Al margen de la toma de conciencia, una vez más, sobre las limitaciones del conocimiento humano, estos hechos demuestran que el avance científico progresa adecuadamente.

Bibliografía orientativa

Reeves, Hubert, *La hora de embriagarse. ¿Tiene sentido el universo?,* Editorial Kairós, Barcelona, 1988

Reeves, Hubert, De Rosnay, Joel, Coppens, Yves, Simonnet, Dominique, *La historia más bella del mundo. Los secretos de nuestros orígenes*, Editorial Anagrama, Barcelona, 1997

Capra, Fritjof, *La trama de la vida. Una nueva perspectiva de los sistemas vivos.* Editorial Anagrama, Barcelona, 1998

Martínez, Ignacio, Arsuaga, Juan Luis, *Amalur. Del átomo a la mente*, Ediciones Temas de Hoy, Madrid, 2002

Krauss, Laurence, *Historia de un átomo. Una odisea desde el Big Bang hasta la vida en la Tierra y más allá.* Editorial Laetoli, Pamplona, 2005

Abundancia de elementos químicos http://web.archive.org/web/20060901133923/http://www.astro.wesleyan.edu/~bill/courses/astr231/wes_only/element_abundances.pdf

Canfield, Donald E., *Oxígeno. Una historia de cuatro mil millones de años*, Crítica, Barcelona, 2015

Briones, Carlos, Fernandez Soto, Alberto, Bermudez de Castro, José María, *Orígenes. El universo, la vida, los humanos,* Crítica, Barcelona, 2015

Birch, Hayley, *50 cosas que hay que saber sobre química,* Editorial Ariel, Barcelona, 2016

Colección Descubrir la Ciencia, Batiscafo S. L, Barcelona, 2016

La disposición de una herramienta como Internet facilita cualquier consulta sobre temas concretos (por ejemplo, mediante la utilización de Wikipedia, sobre todo en lengua inglesa).

Sobre el autor

TOMAS BOTELLA YAQUERO es licenciado en Ciencias Químicas (1974) y doctor en Química Industrial (1984) por la Universidad Complutense de Madrid. Ha ejercido su actividad profesional en la Empresa Nacional del Petróleo (actual REPSOL) durante un año y medio, posteriormente en la Junta de Energía Nuclear (actual CIEMAT) realizando actividades de investigación y desarrollo durante doce años, y en la Comisión Europea (22 años) donde llevó a cabo tareas de salvaguardias de material nuclear, así como en el Programa Marco Comunitario de Investigación y Desarrollo, en programas específicos sobre difusión del conocimiento, innovación y energía, sucesivamente.

Sobre el ilustrador

FRANCISCO ANDRÉS PARDO RECH es delineante y técnico de obras. Ha ejercido su actividad en el mundo de la construcción realizando todo tipo de obras, tanto en edificación como obra civil. Como afición y hobby se dedica a dibujar humor gráfico.

Made in the USA
Middletown, DE
04 November 2026

36535950R10137